三峡库区农田
土壤无机磷动态变化及其迁移特征

韩晓飞　谢德体　高明　程立平　著

郑州大学出版社

图书在版编目(CIP)数据

三峡库区农田土壤无机磷动态变化及其迁移特征／韩晓飞等著. — 郑州：郑州大学出版社，2022. 11
ISBN 978-7-5645-9290-5

Ⅰ. ①三… Ⅱ. ①韩… Ⅲ. ①三峡－流域－农田－土壤磷素－元素迁移－研究 Ⅳ. ①S153.6

中国版本图书馆 CIP 数据核字(2022)第 234068 号

三峡库区农田土壤无机磷动态变化及其迁移特征
SANXIA KUQU NONGTIAN TURANG WUJILIN DONGTAI BIANHUA JIQI QIANYI
TEZHENG

策划编辑	孙理达	封面设计	苏永生
责任编辑	张　恒	版式设计	凌　青
责任校对	吴　波	责任监制	李瑞卿

出版发行	郑州大学出版社	地　　址	郑州市大学路 40 号(450052)
出 版 人	孙保营	网　　址	http://www.zzup.cn
经　　销	全国新华书店	发行电话	0371-66966070
印　　刷	郑州市今日文教印制有限公司		
开　　本	787 mm×1 092 mm　1／16		
印　　张	6.5	字　　数	129 千字
版　　次	2022 年 11 月第 1 版	印　　次	2022 年 11 月第 1 次印刷

| 书　　号 | ISBN 978-7-5645-9290-5 | 定　　价 | 36.00 元 |

本书如有印装质量问题,请与本社联系调换。

　　人口数量大、资源短缺和环境恶化，是制约中国社会、经济发展和人们生活水平提高的三大障碍。当前，全世界范围内正面临着粮食增产与维护和改善农业生态环境质量的挑战，治理农业面源污染是其中的重要内容。党的"十八大"将生态文明建设与经济、政治、社会、文化建设摆在了同等重要位置，对治理农业面源污染高度重视，要求打好农业面源污染防治攻坚战。磷素是农业生产中最为重要的养分限制性因子，然而，由于其过量施用已经引起了严重的水体富营养化问题，大量研究已经表明，磷素是引发农业面源污染的主要元素之一，而且是关键性元素。因此，建立兼顾作物高产和环境保护的土壤磷素推荐施肥体系及耕作措施对于农业生产和水环境保护具有重要意义。土壤磷对生态系统的作用机制是在土壤-水-大气-生物界面之间交换性迁移中形成的，土壤磷素农业面源污染具有明显的系统特征和地域特征。紫色土主要分布在长江中上游，占三峡库区耕地面积的78.7%，随着土地利用强度加大，水土流失日益严重，造成了土壤养分的流失和水体富营养化污染，加剧了生态环境恶化。因此，研究特定区域尺度内的土壤磷素流失强度、通量以及时空变异规律，配置科学技术，调整适地磷肥管理，发展有机生态农业，强化典型农作系统的磷素循环，探明磷素原位截留和生态拦截净化机制，达到进一步消减农田土壤磷素养分的输出目的。综合减排是土壤磷农业面源污染机制与调控技术研究发展的新趋势，主要在土壤微生态方面弄清磷流失污染的过程，优化化学磷肥以及有机肥施用量和配施比例，综合降低磷污染物在土壤、水体等多界面上的发生量。

　　本研究结合我国目前"一控两减三基本"的农业资源和环境对策，通过源头控制，中间阻控和末端消纳的技术手段，注重化肥减量优化以及有机无机肥配合施用，弄清了化肥和有机肥施用条件下紫色土农田土壤磷素流失源及其径流和淋溶迁移特征，为全面认识三峡库区紫色土农田磷素流失和有效评价磷流失对水环境风险提供了科学依据。本研究以我国三峡库区主要农田土壤紫色土为材料，采用田间长期定位试验与野外原位定点监测并结合室内实验分析的方法，通过22年水旱轮作长期定位试验从时间和空间尺度上研究了长期定位施肥和长期保护性耕作制度下紫色土无机磷变化特征，运用化学测试和系统的土-水-植并析的生态学观点，研究了紫色土旱坡地土壤无机磷迁移特征及主控因素以及稻-油水旱轮作紫色土无机磷素动态变化及其迁移特征,最后建立土-水-植耦合的紫色土农田磷素迁移流失模型,为预测三峡库区紫色土农田土壤磷素流失量,制定合理的施肥和耕作措施提供了较为可靠的科学依据和理论基础。

利用紫色土 22 年长期定位施肥试验和长期不同耕作制试验监测基地以及原状土壤渗漏池,从时间和空间尺度上兼顾水田、旱地土壤,系统研究了三峡库区紫色土中磷素的迁移转化特征,获得了大量的基础性监测数据和研究成果,为三峡库区紫色土农田土壤磷肥的优化管理以及施行合理的施肥和耕作制度提供了理论依据。全面系统地研究了不同磷素水平以及不同种类有机肥对三峡库区紫色土农田土壤无机磷迁移流失的影响,得出"优化施肥量磷减 20% 配施秸秆有机肥可以作为一种从源头控制紫色土农田土壤磷素流失的较好措施并加以推广"的结论。

作　者

2022 年 8 月

目 录

第1章

绪 论

1.1 研究背景

目前,世界公认因过量使用磷肥所引起的农业面源污染是水体污染中最大的问题之一,面源污染也一直受到社会各界的广泛关注和重视。据欧美科学家和美国环保局官方发布的定义,点源污染是指污水在排放点通过排污管网直接进入水体而引起的污染;面源污染是指液态或固态污染物从非特定地点,在降水、融雪的冲刷作用下,通过泥沙侵蚀或径流过程汇入受纳水体(如河流、湖泊、水库和海湾等),并引起有毒有害的有机或无机污染、水体富营养化以及其他形式的污染。面源污染按其发生区域和过程的特点,一般可分为城市面源污染和农业面源污染,其中农业面源分布更为广泛。面源污染没有固定的污染排放点,且受发生地点的土壤类型、土地利用方式和地形条件的影响大。而农业生产对这些因素有极大的影响,耕作方式、耕作类型以及化肥的施用对土壤的基本物理化学性质、生物学性质和水力学性质都有很大的影响。

20 世纪 60 年代,英国著名的土壤学家 Russell J E 曾在他的著作中提到,土壤磷素处于非水溶态,不会因淋溶作用而进入水体。许多的农业学家也认为磷素在土壤中是不能迁移的,再加上高浓度的磷对植物的生长并没有不利的影响,因此鼓励农民大量使用磷肥。特别是在巨大的人口压力下,随着"高投入、高产出"管理理念下近代农业的发展,为了取得更高的粮食产量,化肥的投入在农事生产中不断攀升,农民每年都会向土壤中施入远超过植物所能利用的磷素,结果使磷素在土壤中大量地累积,对地下和地上水体构成严重威胁。据中国统计年鉴(2013 年)统计结果显示,我国化学磷肥用量已经从 20 世纪 80 年代的 2.74×10^6 t 上升到了 2012 年的 8.29×10^6 t,30 年里化学磷肥用量增加了 2 倍多。西方国家由于在农业生产中长期施用过量磷肥,造成了十分严重的环境问题。

2003年美国环保局的调查结果显示,农业面源污染导致约40%的河流和湖泊水体水质不合格,是美国河流和湖泊污染的主要原因,并成为地下水污染和湿地退化的主导因素。农业面源污染则成为欧洲地下水污染的首要来源。其中,英国自然水体中约35%的磷来自农业面源;瑞典各大流域60%~87%的磷来自农业面源;芬兰20%的水质恶化湖泊中,来自农业排放的氮素和磷素在各污染物排放的总量中的比例超过了50%,各流域内农业投入比例大的湖区更容易导致氮、磷等营养物质的富集,引起水体的水质恶化。德国自然水体中农业非点源磷输入占35%左右。中国国家环保总局在滇池、太湖、巢湖、三峡库区等流域的调查报告显示,工业废水对总氮、总磷的贡献率仅为10%~16%,而生活污水和农田的氮、磷流失是流域水体富营养化的主要原因。中国农业科学院土壤肥料研究所的研究结果显示,在中国污染严重的水域,高氮、磷养分用量的农田、农村畜禽养殖、没有污水管网和污水处理设施的城乡接合部城区面源是造成流域水体氮、磷富营养化的最主要原因。中国云南滇池入湖的总磷中,农业非点源磷占28%,而在山东南四湖这一比例高达68%。为了明确土壤磷素行为与农业面源污染的关系,弄清农田磷素流失的特征与规律的定量化问题,对土壤中磷素流失的研究再度成为近几年来应对面源污染变化中一个极其活跃的研究领域。土壤磷素流失的防治与控制,对于保证全球水体质量安全与农业可持续发展具有双赢的积极意义。

1.2 目的意义

我国是农业大国,土壤磷素面源污染已经对生态环境构成了严重威胁,土壤磷污染过程与调控机制研究是我国水体环境保护的重大科技需求。农田土壤磷素面源污染形成和对生态环境影响涉及非常复杂的地球生物化学过程。土壤磷素农业面源污染的产生,不仅受外界气候(如降雨、气温等)影响,还受到耕作方式、化肥以及有机肥施用量及施用方式的影响。土壤磷对生态系统的作用机制是在土壤-水-大气-生物等典型界面之间交换性迁移中形成的,土壤磷素农业面源污染具有明显的系统特征和地域特征。因此,全面阐明农田土壤磷面源污染形成的机制,特别是典型农作系统中土壤磷污染的界面过程及其调控机制,对我国农业面源污染控制研究领域的发展具有极其重要的指导意义。

1.3　研究目标

（1）本研究以我国三峡库区主要农田土壤紫色土为材料,采用田间长期定位试验与野外原位定点监测并结合室内实验分析的方法,通过 22 年水旱轮作长期定位试验,从时间和空间尺度上研究了长期定位施肥条件下紫色土无机磷形态演变和长期保护性耕作制度下紫色土剖面无机磷变化特征,摸清不同施肥和耕作措施条件下紫色土区农田土壤无机磷形态、分布特征,为今后该区域研究提供背景值和基础数据。

（2）运用化学测试和系统的土–水–植并析的生态学观点,研究了紫色土旱坡地冬小麦–夏玉米轮作制度下土壤无机磷迁移转化特征及主控因素,和稻–油水旱轮作制度下紫色土磷肥效应及土–水–植体系磷素动态变化特征,揭示紫色土无机磷分别在旱地和水田不同土地利用条件下通过地表径流、淋溶等环节的含量规律和变异特征,以及土壤磷流失对水体富营养化的潜在危害。最后,建立土–水–植耦合的紫色土农田磷素流失模型,为预测磷肥投入对水环境污染风险评估提供了技术支撑。

1.4　研究内容

1.4.1　长期定位施肥条件下紫色土无机磷变化特征

（1）长期定位施肥对紫色土耕层土壤全磷、无机磷、有效磷含量的影响。

（2）长期定位施肥对紫色土耕层土壤各形态无机磷含量的影响。

（3）长期定位施肥对紫色土耕层无机磷各组分相对含量的影响。

（4）长期定位施肥对紫色土无机磷各组分剖面分布的影响。

（5）土壤各形态磷与土壤 pH 和有机质之间的相关关系分析。

1.4.2　长期保护性耕作制度下紫色土无机磷变化特征

（1）长期保护性耕作对紫色土耕层土壤全磷、无机磷、有效磷含量的影响。

（2）长期保护性耕作对紫色土耕层土壤不同形态无机磷含量的影响。

（3）长期保护性耕作对紫色土无机磷各组分相对含量的影响。

（4）长期保护性耕作对紫色土无机磷各组分剖面分布的影响。

（5）土壤各形态磷及其与土壤基本理化性质之间的相关关系分析。

1.4.3 紫色土旱坡地土壤无机磷素迁移转化特征及主控因素研究

（1）不同施肥处理对冬小麦-夏玉米生长发育的影响。

（2）不同施肥处理对冬小麦-夏玉米产量和磷吸收利用的影响。

（3）不同施肥处理条件下紫色土旱坡地磷素年际流失特征。

（4）次降雨条件下不同施肥处理对旱坡地坡面产流、产沙的影响。

（5）次降雨条件下不同施肥处理对紫色土旱坡地坡面径流和壤中流磷素含量的影响。

（6）次降雨条件下地表径流和壤中流耦合对紫色土旱坡地磷素流失的影响。

（7）不同施肥处理条件下次降雨磷素流失量与降雨量相关关系。

（8）不同施肥处理对紫色土旱坡地土壤磷含量的影响。

1.4.4 稻-油水旱轮作紫色土无机磷动态变化及其迁移特征

（1）不同施肥处理对水稻和油菜生长和磷肥利用率的影响。

（2）稻油水旱轮作紫色土农田磷素动态变化特征。

1.4.5 土-水-植耦合的紫色土农田土壤磷素迁移流失模型

（1）紫色土稻田磷素迁移流失模型。

（2）紫色土旱坡地磷素迁移流失模型。

1.5 技术路线

本研究的技术路线如图 1-1 所示。

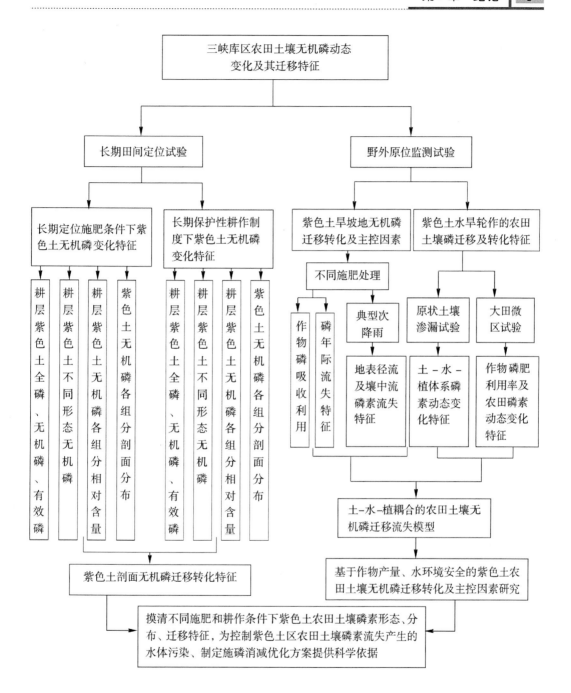

第 2 章

长期定位施肥条件下紫色土
无机磷变化特征

磷是植物体所必需的营养元素,植株所需的磷主要是从土壤本身磷库和外界所施入土壤的磷肥中获得的。土壤磷素形态主要由有机态和无机态磷组成,无机磷占土壤磷总量的 60% ~80%,是植物所需磷素的主要来源。磷素在土壤中的化学行为和存在形态,直接影响着对作物的有效性。磷肥施入农田后容易被土壤固定,形成难以被植物利用的形态,当季利用率一般仅为 10% ~25%。为了维持农业高产稳产,每年势必要向土壤中施加大量磷肥,土壤中各形态无机磷均会有不同程度的累积。过量施用化学磷肥与生物有机肥可以使土壤表层的磷素显著增加,进而导致磷素的径流流失,给环境带来一系列问题,农田生态系统中磷的流失已经成为水体富营养化的重要影响因子。研究发现,径流水中磷浓度与施入土壤中的磷肥量直接相关。耕层土壤磷素的累积也会导致磷垂直迁移的可能性增大,因此研究长期施肥条件下土壤磷素的肥力特征和界面迁移意义重大。国内外对土壤剖面磷素的分布已经有一些研究,但对长期定位施肥的紫色土磷素的空间分布研究得并不多,而经过 22 年不同施肥处理紫色土壤中无机磷组分变化及其关系的研究就很少见。本研究应用蒋柏藩-顾益初(1989 年)无机磷分级体系,对重庆市北碚区的水稻-小麦水旱轮作区紫色土上的 22 年长期定位施肥试验 0 ~100 cm 土层土壤无机磷的形态组成进行了分级测定,并运用相关分析、逐步回归分析对土壤无机磷各组分与速效磷之间的关系进行研究,揭示紫色土中无机磷的形态转化及在土体中的空间分布和移动规律,以期能为在农业生产中制定更好的土壤磷管理措施以及保障该地区农业的可持续发展提供依据。

2.1　材料与方法

2.1.1　供试土壤与试验处理

试验地点设在国家紫色土土壤肥力与肥料效益长期监测基地(以下简称长期定位点),长期定位点基地位于重庆市北碚区西南大学试验农场,试验土壤为侏罗纪沙溪庙组紫色泥页岩发育形成的紫色土,中性紫色土亚类,灰棕紫泥土属。重庆大部分区县多分布于此类土壤,因此,用作供试土壤具有广泛的代表性。试验始于 1991 年,为随机区组设计。共设计 12 个处理,小区面积 120 m²,轮作方式为一年两季水稻–小麦水旱轮作。本研究选取其中的 6 个处理:①CK(不施肥);②N;③NP;④NPK;⑤M+NPK;⑥S+NPK。其中氮肥用尿素,磷肥用普通过磷酸钙,钾肥用硫酸钾,每季施用 N 150 kg·hm⁻²、P₂O₅ 75 kg·hm⁻²、K₂O 75 kg·hm⁻²;M 代表猪粪有机肥(猪粪经过 1 周左右腐熟),其中的大量营养元素全氮、磷、钾含量分别为 1.34%、1.30%、0.80%,施用量每年 22500 kg·hm⁻²;S 代表稻草秸秆翻压还田,其中的营养元素含量折合成 N、P₂O₅、K₂O 分别为 0.49%、0.18%、0.75%,施用量每年 7500 kg·hm⁻²。水稻品种为油优 63 号,小麦品种用西农麦 1 号。试验前土壤(BEF)的基本理化性质为:pH 7.7,有机质 23.9 g·kg⁻¹,全氮 1.29 g·kg⁻¹,全磷 0.48 g·kg⁻¹,全钾 22.7 g·kg⁻¹,碱解氮 93.2 mg·kg⁻¹,有效磷 4.3 mg·kg⁻¹,速效钾 71.1 mg·kg⁻¹。

2.1.2　测定项目及其方法

2013 年 8 月水稻收获后,每个试验小区分别采用 S 形多点采样法,分别采集各处理 0～20 cm、20～40 cm、40～60 cm、60～80 cm、80～100 cm 层次土样,重复 3 次,相同层次的土样混合均匀,带回实验室风干、过筛,测定全磷、有效磷、pH、有机质及各层次的 Ca₂-P、Al-P、Fe-P、Ca₈-P、O-P(闭蓄态磷)与 Ca₁₀-P 等 6 种形态磷含量,土壤基本理化性质按常规方法测定。土壤全磷采用碱熔–钼锑抗比色法;土壤有效磷采用 0.5 mol·L⁻¹ NaHCO₃ 浸提–钼锑抗比色法;土壤 pH 用去离子水按土水比(1:2.5)浸提,pH 计测定;土壤有机质采用重铬酸钾容量法。无机磷分级浸提采用蒋柏藩和顾益初(1989 年)的方法,土壤无机磷总量为各形态无机磷含量之和,耕层无机磷各组分相对含量为各形态无机磷占无机磷总量的百分比。试验前土壤测定指标同上。

2.1.3 数据处理

试验数据作图及统计分析采用 Microsoft Excel 2007、SPSS 19.0 软件。各处理均值多重比较采用最小显著差异(Least Significant Difference, LSD)法,显著性水平分别为 0.05 和 0.01。

2.2 结果与分析及统计分析方法

2.2.1 长期定位施肥对紫色土耕层土壤全磷、无机磷、有效磷含量的影响

由表 2-1 可以看出,经过 22 年的长期不均衡定位施肥处理后,土壤耕层中全磷、无机磷、有效磷含量都发生了很大的变化。所有施磷处理耕层土壤的全磷、有效磷含量都明显上升,不施用磷肥处理的耕层土壤全磷、有效磷都缓慢下降(表 2-1)。经过统计软件方差分析得出,长期不均衡定位施肥紫色土壤全磷含量各处理之间差异极显著($P<0.01$),有效磷含量除了不施肥处理和只施氮肥处理没有显著性差异外,其他各处理之间差异显著($P<0.05$)。全磷变化范围为 339.2 ~ 887.9 mg·kg^{-1},有效磷为 2.0 ~ 30.5 mg·kg^{-1},各处理大小依次为 M+NPK>S+NPK>NPK>NP>CK>N。值得关注的是,不施肥处理和只施氮肥处理的土壤有效磷含量已经从 22 年前的 4.3 mg·kg^{-1} 下降到了如今的 2.0 mg·kg^{-1} 附近,已经达到了缺磷状态,作物产量也受到了影响;而其他施用磷肥处理土壤有效磷含量上升到了 24.9 ~ 30.5 mg·kg^{-1},有效磷含量达到了比较丰富的水平。由上述分析可以看出,长期不均衡施用肥料,会导致土壤养分的非均衡化,一方面会导致土壤磷素的大量累积(如 M+NPK 处理),另一方面会导致土壤磷素的严重匮乏(如 CK、N 处理),从而会严重影响作物的产量。Shen 等(2004 年)在研究长期施肥对石灰性土壤磷组分的影响中也发现不施加磷肥处理的土壤有效磷含量会显著降低,但是有磷素投入的情况下却保持相对稳定且增加水平。Song 等(2007 年)和张丽等(2014 年)在黑土上研究也得出"有机、无机肥料配施可以提高土壤有效磷的含量"的结论。

表 2-1　不同施肥处理土壤无机磷、全磷和有效磷含量　　　单位：mg·kg⁻¹

处理	无机磷	全磷	有效磷
BEF	410.7±2.57eE	476.1±1.64eE	4.3±0.65dD
CK	277.7±2.33gG	356.0±1.49fF	2.1±1.11eE
N	325.6±1.97fF	339.2±2.58gG	2.0±0.77eE
NP	432.4±1.67dD	491.4±1.60dD	24.9±1.09cC
NPK	506.8±2.31cC	625.7±2.01cC	25.6±1.39cBC
M+NPK	755.5±2.77aA	887.9±1.34aA	30.5±1.79aA
S+NPK	661.2±1.66bB	777.8 ±1.01bB	27.4±1.5bB

注：同列数据后不同小写字母表示差异显著（$P<0.05$），不同大写字母表示差异极显著（$P<0.01$），下同。后文插图中若有类似字母，其意义与此同。

从表 2-1 还可以看出，经过 22 年的长期不均衡施肥处理后土壤中各形态的无机磷含量都发生了很大的变化，对于长期不施肥处理和长期只施用氮肥处理，土壤中无机磷总量都减少比较明显，分别减少了 133.0 mg·kg⁻¹ 和 85.1 mg·kg⁻¹。其主要原因是长期不施用肥料，土壤中营养元素供应不足，农作物消耗了土壤中的各种无机形态的磷素，造成了土壤中磷素的匮乏。由于土壤中氮肥供应充足，植物生长发育的主要养分限制因子是磷，单施氮肥的处理就会促进作物对磷的大量吸收，也使土壤中磷素大量减少。其他施肥处理的无机磷总量相对于试验前土壤都有不同程度的提高，有机、无机肥料配施的 M+NPK、S+NPK 处理提高明显。其中，尤以猪粪配施无机肥处理（M+NPK）为最多，这可能是由于猪粪中一半的磷是以无机磷形态存在的，而猪粪的分解半衰期较长，秸秆及其绿肥的分解半衰期较短，猪粪有机肥就比其他肥料在土壤中累积得多，并且被微生物固定所需的时间长，故土壤中磷含量就比较高。

2.2.2　长期定位施肥对紫色土耕层土壤各形态无机磷含量的影响

由表 2-2 可以看出，各处理 Ca_2-P 和 Ca_8-P 含量间差异达到了极显著水平（$P<0.01$），含量范围分别为 2.1~24.5 mg·kg⁻¹ 和 12.4~38.1 mg·kg⁻¹，各处理大小顺序分别为 M+NPK>S+NPK>NPK>NP>N>CK 和 M+NPK>S+NPK>NP>NPK>N>CK。各处理中两者的大小顺序跟有效磷、全磷差不多。不论是 Ca_2-P 还是 Ca_8-P，其含量均以单施氮肥处理和不施用化肥处理为最低，且均低于试验前土壤，尤其是不施肥处理减少得更为明显，仅分别为 2.1 mg·kg⁻¹ 和 12.4 mg·kg⁻¹。Ca_2-P 作为植物的高效有效磷源已被证实,此等缺乏,势必会影响到作物的生长发育。有机、无机肥料配施处理的土壤中,无论是 Ca_2-P 还是 Ca_8-P,其含量均明显高于单施化肥处理和不施肥处理,其中猪粪配施化肥的 Ca_2-P 含量是不施肥处理含量的 12 倍之多,差异极显著。由此可见,在施用无机化肥的基础上配合使用有机肥能显著提高土壤中的 Ca_2-P 和 Ca_8-P 含量。这主要是因为长期向土壤中施用有机肥可以使其中的有机质累积,一方面有机肥中有机态磷经过矿化作用转变成对作物有效的矿质态磷,另一方面有机质分解过程中产生的有机络合剂能降低土壤自身对磷的吸附,有利于磷从不溶性磷酸盐中释放出来,向更有效的态方向转化。党延辉和张麦(1999 年)研究表明,有机、无机肥料配施有利于增加土壤无机磷的供应容量,并能极大地增加其有效性。

表 2-2 不同施肥处理各形态无机磷含量   单位:mg · kg^{-1}

处理	Ca_2-P	Ca_8-P	Al-P	Fe-P	$Ca_{10}-P$	O-P
BEF	6.7±0.26dD	16.7±0.17dD	26.2±0.17eE	24.5±0.46dD	219.1±0.56cC	117.5±0.10dD
CK	2.1±0.97eE	12.4±1.23eE	11.4±0.99gG	6.1±0.95fF	180.2±1.15gG	65.4±1.25fF
N	6.0±0.2dD	17.1±1.67dD	17.0±1.37fF	10.3±1.35eE	199.9±3.24fF	75.4±3.98eE
NP	15.1±0.89cC	21.2±1.45cC	41.1±2.8dD	26.3±1.14dD	209.4±0.79eE	119.3±1.44dD
NPK	16.3±1.41cC	20.1±0.87cC	52.9±1.05cC	78.6±0.71cC	214.5±0.98dD	124.3±1.13cC
M+NPK	24.5±1.35aA	38.1±1.46aA	82.9±1.51aA	133.7±1.48aA	305.9±2.24aA	170.6±1.91aA
S+NPK	20.0±3.20bB	27.0±0.45bB	62.8±0.86bB	113.7±3.26bB	287.1±1.19bB	150.5±2.10bB

Fe-P 和 Al-P 已经被证实也是植物的一种有效磷源,其中 Al-P 的作用与 Ca_2-P 相当,其含量范围分别为 6.1 ~ 133.7 mg · kg^{-1} 和 11.4 ~ 82.9 mg · kg^{-1}(表 2-2),各处理中其含量大小与 Ca_2-P 含量基本一致。其中,含量最低的是单施氮肥处理和不施肥处理,M+NPK 处理和 S+NPK 处理土壤的 Fe-P、Al-P 平均含量分别为 123.7 mg · kg^{-1} 和 72.9 mg · kg^{-1},高于单独施用化肥处理和不施肥处理,且各处理间差异达到了极显著水平($P<0.01$)。

$Ca_{10}-P$ 和 O-P 作为植物的潜在磷源,与 Ca_2-P 和 Ca_8-P 不同的是,NP、NPK、N、CK 处理中其含量相对于试验前土壤都有所下降,$Ca_{10}-P$ 含量在 180.2 ~ 214.5 mg · kg^{-1} 之间,平均为 201.0 mg · kg^{-1},相比试验前土壤下降了 8%,M+NPK 处理和 S+NPK 处理土壤的 $Ca_{10}-P$ 有所上升。可见,当有效磷源与缓效潜在磷源累积到一定程度时,它们之间可以进行相互转化。长期单施化学肥料或者不施肥处理中,在植物从土壤中吸收有效磷素的同时,$Ca_{10}-P$ 潜在磷源也可以慢慢转化为有效的可供植物体吸收的有效磷源。单施氮肥(N)处理和不施肥(CK)处理的 O-P 含量相比试验前土壤有明显下降,分别下降了35.8% 和 44.3% ,说明长期没有磷素投入补偿的情况下,O-P 和 Ca$_{10}$-P 一样都能慢慢地转化成能被植物利用的有效磷源。这与林利红等(2006 年)和韩晓日等(2007 年)在棕壤上的研究结果一致。有机肥配施或者有外源磷肥施入的处理中,O-P 含量就增加得比较显著。

2.2.3 长期定位施肥对紫色土耕层无机磷各组分相对含量的影响

图 2-1 所示为长期不均等定位施肥土壤中 Al-P、Fe-P、Ca$_{10}$-P、Ca$_8$-P、Ca$_2$-P、O-P 占总无机磷的质量分数。由图 2-1 可以看出,试验前土壤的组成中,各形态无机磷含量的大小顺序为 Ca$_{10}$-P>O-P>Al-P>Fe-P>Ca$_8$-P>Ca$_2$-P,这与紫色菜园土中无机磷含量顺序 Ca$_{10}$-P>Ca$_8$-P>Fe-P≈Al-P≈O-P>Ca$_2$-P 不同。与棕壤土各无机磷组分比例也不尽相同,棕壤土中闭蓄态 O-P 含量较多。经过 22 年施肥后,各个处理不同形态无机磷比例发生了变化,其中不施肥(CK)和单施氮肥(N)处理的 Ca$_8$-P 含量大于 Fe-P。从图 2-1 可看出,紫色土中钙磷总体所占比例较高,这是紫色土风化程度较低的缘故。其中,对植物有效的磷源 Al-P、Ca$_2$-P、Ca$_8$-P 的含量较低,而 O-P、Ca$_{10}$-P 的含量分别占到总无机磷的 23.14% ~37.59% 和 40.48% ~64.9% 之多。这说明土壤中对植物体比较有效的磷源不足,而一半左右的无机磷都以潜在磷源的形式存在。

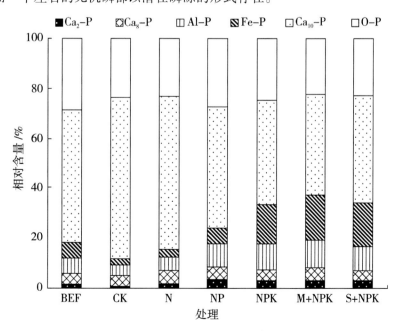

图 2-1 不同施肥处理各组分无机磷相对含量

由图 2-1 还可以看出,有机、无机肥料配施处理 M+NPK 和 S+NPK 土壤中 Fe-P 的相对含量增加得比较明显,而 Ca_{10}-P、O-P 的相对含量则下降得比较明显。因此,长期施肥可以改变土壤中不同形态无机磷的相对含量。

2.2.4 长期定位施肥对紫色土无机磷各组分剖面分布的影响

从图 2-2 和表 2-3 可以看出,长期定位施肥试验后,各处理 Ca_2-P 含量分布均呈现土层 0 ~ 20 cm 最高,随着深度增加,含量逐渐减少的趋势。其中,20 ~ 60 cm 土层下降比较迅速,60 ~ 100 cm 土层变化比较小。对于不施肥(CK)处理和单施氮肥(N)处理的 Ca_2-P 含量,土层 0 ~ 20 cm 比下层 40 ~ 60 cm 高出 0.8 ~ 4.5 mg·kg^{-1},差异不显著;而在其他施用化学磷肥(NP、NPK)和有机、无机肥料配施(M+NPK、S+NPK)的各处理中,表层较下层高出达 13.8 ~ 23.2 mg·kg^{-1},增加效果非常显著。另外,有机、无机肥料配施处理的 Ca_2-P 平均含量都要高于单施化肥处理和不施肥处理。各处理土层差异显著,但是在 60 cm 以下差异不明显,这说明磷在土壤中的移动不大。长期定位施肥试验后,各处理 Ca_8-P 含量分布与 Ca_2-P 含量分布较为一致,均为土层 0 ~ 20 cm 最高,然后随着土层深度的增加,含量逐渐下降,80 ~ 100 cm 土层中含量又稍有增加。0 ~ 20 cm 土层中施用化学磷肥处理区和有机、无机肥料配施处理区 Ca_8-P 含量分别为 20.7 mg·kg^{-1} 和 32.5 mg·kg^{-1},不施肥处理 CK 仅为 12.4 mg·kg^{-1}。60 ~ 80 cm 土层中 Ca_8-P 的含量在化肥处理区相当于 0 ~ 20 cm 土层的 29.4%,在有机、无机肥料配施处理区相当于 0 ~ 20 cm 土层的 20.4%。

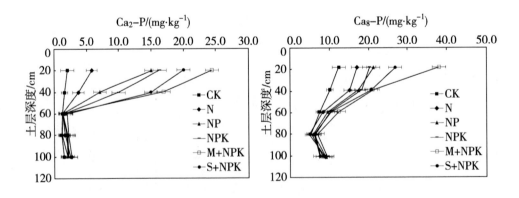

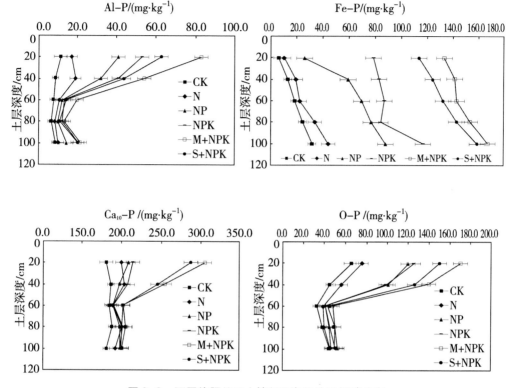

图 2-2　不同施肥处理土壤剖面各组分无机磷分布

22 年试验后,除单施氮肥处理 Al-P 含量在土层 0 ~ 20 cm 较在土层 20 ~ 40 cm 中降低 2.3 mg·kg^{-1} 外,不施肥的 CK 处理和其他施肥处理 Al-P 含量均以 0 ~ 20 cm 土层最高,随着土层深度增加呈逐步下降的趋势,在 80 ~ 100 cm 深度区有所升高。与试验前土壤相比,单施氮肥处理和不施肥的 CK 处理中,各土层中 Al-P 含量分别降低了 9.2 mg·kg^{-1} 和 14.8 mg·kg^{-1}。而其他处理 0 ~ 20 cm 土层中 Al-P 的含量增加了 14.9 ~ 56.7 mg·kg^{-1}。20 ~ 100 cm 土层中有机肥处理区的 Al-P 的含量都要高于不施肥处理区和施用化肥处理区,这说明施用有机肥有利于磷素向土壤下部迁移。王建国等(2006 年)和杨学云等(2004 年)在水稻土和塿土上的研究也证实了这一点。

表2-3　不同施肥处理土壤剖面各形态无机磷含量　　　　单位：mg·kg⁻¹

处理	土层深度/cm	Ca_2-P	Ca_8-P	$Al-P$	$Fe-P$	$Ca_{10}-P$	$O-P$
CK	0~20	2.1±0.97	12.4±1.23	11.4±0.99	6.1±0.95	180.2±1.15	65.4±1.25
	20~40	1.6±0.83	10.1±0.97	8.8±1.11	13.5±1.01	187.1±2.09	45.2±1.36
	40~60	1.3±0.56	7.5±0.86	7.8±0.96	18.7±1.23	185.5±1.55	33.1±1.47
	60~80	1.2±0.33	5.4±0.24	6.6±0.78	24.4±0.56	188.2±1.34	38.5±0.93
	80~100	1.5±0.45	8.3±0.69	8.7±0.44	32.2±0.34	181.2±1.78	44.9±0.84
N	0~20	5.8±0.20	17.1±1.67	17.0±1.37	10.3±1.35	199.9±3.24	75.4±3.98
	20~40	3.7±0.88	15.2±2.44	19.3±1.89	19.7±1.44	203.6±1.22	56.1±2.30
	40~60	1.3±1.23	8.4±1.9	10.7±1.44	22.3±0.90	190.0±3.12	39.1±1.98
	60~80	1.2±1.66	4.9±2.01	8.5±0.93	33.8±0.85	202.4±2.10	41.2±2.12
	80~100	2.0±0.81	8.7±1.24	10.0±0.28	44.2±1.02	193.4±2.50	45.2±2.09
NP	0~20	15.1±0.89	21.2±1.45	41.1±1.80	26.3±1.41	209.4±2.55	119.3±2.10
	20~40	7.0±0.55	17.4±1.01	32.2±1.33	59.2±1.20	197.5±3.03	100.2±1.91
	40~60	1.3±0.34	9.6±0.98	12.3±1.20	69.6±1.09	191.2±2.85	40.3±1.49
	60~80	1.9±0.21	6.0±0.44	10.1±0.91	76.4±1.98	197.4±2.77	45.1±1.57
	80~100	2.1±0.19	9.0±0.99	14.3±0.8	87.8±2.10	199.1±1.98	50.9±1.22
NPK	0~20	16.3±1.41	20.1±0.87	52.9±1.05	78.6±0.71	214.5±0.98	124.3±1.13
	20~40	10.0±1.11	18.1±1.46	41.3±0.78	82.6±2.12	207.5±2.30	98.2±1.64
	40~60	1.3±0.34	10.2±0.97	13.4±1.66	86.8±1.89	190.7±1.44	39.7±1.79
	60~80	2.0±0.85	6.3±0.88	12.1±1.39	84.2±1.57	200.3±3.25	44.2±1.07
	80~100	2.3±0.63	7.7±0.58	19.8±2.01	116.9±1.9	199.4±2.56	46.4±2.31
M+NPK	0~20	24.5±1.35	38.1±1.46	82.9±1.51	133.7±1.48	305.9±2.24	170.6±1.91
	20~40	17.0±1.44	21.3±1.34	54.5±1.78	141.8±2.21	254.5±3.54	140.0±1.32
	40~60	1.3±1.63	12.4±1.23	19.8±2.03	142.9±2.46	202.4±2.46	48.2±0.93
	60~80	1.7±0.37	6.9±1.55	13.2±1.66	153.2±1.99	205.2±3.77	50.1±1.11
	80~100	2.5±0.91	9.3±0.78	21.5±1.57	167.8±2.54	200.1±1.95	53.2±1.90
S+NPK	0~20	20.0±1.34	27.0±1.01	62.8±1.55	113.7±1.78	287.1±2.10	150.5±1.19
	20~40	15.0±1.09	20.6±0.32	44.1±1.34	124.7±1.02	245.5±1.45	125.4±1.56
	40~60	2.0±0.45	10.5±1.47	14.5±0.99	132.5±1.57	203.2±1.94	43.4±0.78
	60~80	2.2±0.58	6.1±1.88	11.3±1.74	142.9±2.19	199.8±1.58	50.2±1.61
	80~100	2.7±0.61	7.6±1.01	20.3±1.13	159.0±1.93	201.1±1.01	49.6±1.01

从图 2-2 和表 2-3 可以看出，不同施肥处理土壤 Fe-P 剖面分布与其他形态磷剖面分布不太一致。20 ~ 40 cm 土层中 Fe-P 含量要高于表层 0 ~ 20 cm，单施氮肥处理（N）和不施肥处理（CK）与试验前土壤比较均有下降。对于出现深层土壤中 Fe-P 含量高于耕层土壤的原因可能是试验实行水旱轮作制度，当水稻季时，由于淹水密封，水土环境的 pH 升高，氧化还原电位降低，从而促进磷酸铁的水解作用加强，高价铁的磷酸盐还原为低价铁的磷酸盐，铁、硅复合体也被还原，下层土壤中还原作用更强，再者上层土壤中形成的 Fe-P 又向下淋溶，导致下层土壤中 Fe-P 含量高于耕层土壤。

图 2-2 和表 2-3 中，Ca_{10}-P 含量在不施肥处理区和施化肥处理区上下变化不大，即随着土层深度的增加变化不太大。不施肥处理（CK）区和单施氮肥（N）处理区 0 ~ 20 cm 的耕层比下部 20 ~ 40 cm 要低 6.9 $mg \cdot kg^{-1}$ 和 3.7 $mg \cdot kg^{-1}$。这是因为土壤中的无机磷在一定条件下可以互相转化，缺磷条件下潜在磷源 Ca_{10}-P 转化分解为可以为植物所吸收利用的有效磷源。从不同施肥处理土壤 O-P 剖面分布来看，整体上 O-P 含量也随着土层深度的增加呈下降趋势，在 80 cm 土层以下稍微有所增加，0 ~ 20 cm 耕层较 40 ~ 60 cm 土层增加了 32.3 ~ 122.4 $mg \cdot kg^{-1}$。20 ~ 40 cm 土层中 O-P 含量在施用化肥处理区和有机、无机配施处理区分别相当于耕层的 79% 和 82%，0 ~ 60 cm 土层中分别相当于耕层的 37% 和 29%。造成耕层 O-P 含量高于底层的原因可能是闭蓄态的磷被铁铝等氧化物包裹，在下层土壤中由于还原性强，包膜被溶解还原，转化为非闭蓄态的磷，从而造成了底层 O-P 含量低于耕层的分布特征。

2.2.5　土壤各形态磷与土壤 pH 和有机质之间的相关关系分析

表 2-4 所示为土壤各形态磷及其与土壤基本理化性质相关分析结果，从中可以看出各形态磷及其与土壤基本理化指标之间多存在相关关系。土壤全磷与各形态无机磷之间均呈现显著相关关系。作为反映土壤磷素养分供应水平高低指标的有效磷与全磷、Ca_2-P、Ca_8-P、Fe-P、Al-P 也均呈显著的相关关系。从表 2-4 中还可以看出，土壤 pH 与各组分磷及其全磷之间大多呈显著的负相关关系。通过各组分之间的相关分析可以看出，土壤磷循环系统中，各形态磷素都处在一个相互影响的动态平衡之中。

表 2-4　土壤各形态磷及其与土壤 pH、有机质相关系数

项目	Ca_2-P	Ca_8-P	Al-P	Fe-P	Ca_{10}-P	O-P	全磷	有效磷	pH
Ca_8-P	0.9156*								

续表 2-4

项目	Ca_2-P	Ca_8-P	$Al-P$	$Fe-P$	$Ca_{10}-P$	$O-P$	全磷	有效磷	pH
$Al-P$	0.9861**	0.9367**							
$Fe-P$	0.9182**	0.8927*	0.9602**						
$Ca_{10}-P$	0.8862*	0.9475**	0.9125*	0.9410**					
$O-P$	0.7942	0.8299*	0.7917	0.8414*	0.9184**				
全磷	0.9486**	0.9214**	0.9821**	0.9899**	0.9460**	0.9718**			
有效磷	0.9569**	0.9100*	0.9265*	0.8277*	0.7449	0.7362	0.8755*		
pH	-0.8800*	-0.9440**	-0.9250**	-0.9297**	-0.9600**	-0.9227**	-0.9588**	-0.7812	
有机质	0.8700*	0.8195*	0.8673*	0.8731*	0.8240*	0.8472*	0.8390*	0.7430	-0.709

注:上标"*"符号表示差异显著($P<0.05$),上标"**"符号表示差异极显著($P<0.01$),下同。

由表 2-4 的相关分析可知,土壤有效磷与各形态无机磷组分之间的相关系数大小顺序为 $Ca_2-P(0.9569)>Al-P(0.9265)>Ca_8-P(0.9100)>Fe-P(0.8277)>Ca_{10}-P(0.7449)>O-P(0.7362)$,与 Ca_2-P、$Al-P$ 呈极显著正相关,与 Ca_8-P、$Fe-P$ 呈显著正相关,与 $Ca_{10}-P$、$O-P$ 呈不显著的正相关。其中,有效磷与 Ca_2-P 的相关系数最大,说明它们之间的相关程度最高,也表明它是最有效的磷源。$Al-P$、Ca_8-P、$Fe-P$ 是仅次于 Ca_2-P 的有效磷源,$Ca_{10}-P$ 和 $O-P$ 为非有效磷源。

2.3　讨论

我国南方土壤中一般都含有大量的无定型的 AlO_x、FeO_x,当磷肥施进土壤之后,历经一系列复杂的物理化学过程和生物化学过程,极易被此类土壤矿物吸附形成难溶的磷酸盐,从而极大地降低了磷肥的利用率。怎样提高土壤中磷素的有效性问题一直是国内外专家学者研究的热点。土壤中同时存在无机态磷和有机态磷,它们之间相互转化又相互制约,根据磷酸根离子结合的土壤氧化物不同,可以把土壤无机磷根据形态的不同分为四大类,即钙磷(Ca-P)、铝磷(Al-P)、铁磷(Fe-P)、闭蓄态磷(O-P),其中无机磷比有机磷的有效性要高,因此研究土壤无机磷的较多。影响土壤磷素之间转化以及对植物有效性的因素非常复杂,包括环境因子、土壤本身的物理化学性质、地理气候条件、耕作施肥方式等。其中,不同的磷肥施用方式和磷肥施用量会对土壤中磷素的含量和有效性产生极显著的差异性影响。目前磷素主要是以化学磷肥和有机磷肥形式施入土壤的,有研究指出,长期施用磷肥,土壤中各形态磷均会有不同程度累积。来璐等(2003 年)对 18 年连作苜蓿长期施肥处理条件下黄土土壤磷素进行研究,Han 等(2005 年)对长期施肥条件下黑土土壤磷素进行研究,黄庆海等(2003 年)在红壤水稻土上进行长期施肥试验,这些都表明不施磷肥处理的耕层土壤中磷处于耗竭状态,施肥可以显著提高土壤耕层中全磷含量,从而使土壤中有效磷也会有一定的累积。周宝库和张喜林(2005 年)发现在黑土上长期施用磷肥可以使黑土有效磷增加 6 ~ 15 倍,全磷也增加高达 53.9% ~ 65.7%。黄绍敏等(2006 年)研究小麦-玉米轮作方式下 14 年长期肥料试验对潮土中磷素累积的影响发现,残留在土壤中的磷素与施入土壤中的磷素成正比,其中有机肥处理的磷素利用率要高于纯无机磷肥处理,并且化学磷肥与生物有机肥配合施用可以大大提高土壤中有效磷的含量,本研究与其一致。但是,通常大部分的有机肥本身含磷量很低,且有机磷转化为能被植物体利用的矿质态磷还要经过很长的时间,并且转化需要一定的温度、水分和微生物分解。

针对不同形态无机磷对有效磷的有效性,王艳玲等(2004 年)研究黑土得出的结论是 $Ca_2-P>Al-P>Fe-P>Ca_8-P>O-P>Ca_{10}-P$,林德喜(2006 年)研究黑土得出的结论是 $Fe-P>Ca_{10}-P>Al-P>Ca_8-P>Ca_2-P>O-P$。在紫色土上研究的结果与其略有不同。黄庆海等(2003 年)在红壤水稻土上研究发现,各组分无机磷以 $O-P$ 和 $Fe-P$ 为主,其次是 $Ca_{10}-P$ 和 $Al-P$。在紫色水稻土上研究发现,长期施肥过后土壤中磷以闭蓄态 $O-P$ 和 $Ca_{10}-P$ 为主。

土壤吸附固定磷素的容量很大,因此土壤中磷素不易移动,磷肥整体的有效性和利用率都偏低,故长期施肥就会导致耕层土壤中的磷素大量累积。但是,长期的有机、无机肥配施模式下,有机肥在分解作用下产生有机酸,有机酸与磷酸根之间竞争吸附,从而会降低土壤矿物仅仅对磷酸根的吸附,同时有机酸根离子与土壤中各种金属离子可以发生络合反应,可以在一定程度上消除土壤磷的吸附位点。这样一来磷素在土壤中的迁移就会变得相对容易。李想等(2013 年)研究了有机、无机肥配施对土壤磷素吸附、解吸和迁移的影响,发现了有机、无机肥配施可以减少磷素的固定,可以促进磷素在土壤中迁移。本研究发现有机、无机肥料配施处理的深层土壤中各形态无机磷含量都要高于单施化肥处理,正说明了这一点。

随着农田中化学肥料的长期施用,土壤中磷素出现盈余,尤其在施用化肥的同时配施有机肥可以使磷素在土壤中显著累积,并出现向下迁移的趋势,农田土壤磷素对水环境影响的潜能明显提高。因此,在施用有机肥的同时要考虑有机肥磷带入量以及土壤中多余累积的磷素的去向问题。

2.4　小结

　　由 22 年肥料定位试验结果可以看出,长期施用化学磷肥处理以及有机、无机肥料配施处理的土壤上下层全磷、有效磷和各形态无机磷的含量均有不同程度的增加,增加幅度大小的顺序都是"有机、无机肥料配施处理区>化学磷肥施用区>不施肥处理区或者单施氮肥处理区",其中表层土壤中三者的含量增加比较显著。而随着土层深度的增加,各形态无机磷含量都有逐渐减小的趋势,但是在 80~100 cm 土层深度都有不同程度的升高。Fe-P 含量的整体趋势为下层土壤高于耕层土壤。由此可见,虽然说土壤中磷素移动性较小,但是长期持续施肥,土壤中磷素可以不同程度地向下迁移,尤其是施用有机肥更容易造成磷素的向下移动。紫色土不同形态磷素之间存在着显著正相关关系,无机磷各组分对紫色土有效磷的贡献大小顺序为 $Ca_2-P>Al-P>Ca_8-P>Fe-P>Ca_{10}-P>O-P$。

第3章 长期保护性耕作制度下紫色土无机磷变化特征

紫色土主要分布在长江中上游,占三峡库区耕地面积的78.7%,随着土地利用强度加大,水土流失日益严重,不仅造成土壤养分的流失、生产力水平的下降,还造成水体富营养化污染,加剧生态环境恶化。近年来,随着人们对资源环境问题的日益重视,养分离子和污染物的迁移成为农学与环境科学共同关注的热点。而保护性耕作方式在减少土壤扰动、改善土壤结构、提高土壤肥力和养分利用率、保护农业资源环境方面具有良好的经济生态效益,业已成为国内外学者研究热点。由于磷肥施入农田容易被土壤固定形成难以被植物利用的形态,传统耕作方式下磷肥当季利用率一般仅为10%~25%。随着耕作年限的增长,施入农田中的磷肥越来越多,耕层土壤磷素的累积也会导致磷素垂直迁移的可能性增大,因此研究土壤磷素的肥力特征和界面迁移意义重大。国内外对土壤剖面磷素的分布已经有了一些研究,但大多针对长期定位施肥或者不同土地利用类型对土壤磷素分布的影响。近年来,保护性耕作土壤环境方面的研究也多集中在碳、氮方面,针对长期保护性免耕、垄作、水旱轮作等不同耕作制度下土壤磷素空间分布的研究鲜少报道,而经过22年不同耕作制度后紫色土壤中无机磷组分变化及其关系的研究还未曾见到。本章应用蒋柏藩-顾益初无机磷分级体系,以1990年在重庆市北碚区建立的耕作制度下紫色土长期定位试验田水稻土为研究对象,对定位试验剖面土壤无机磷的形态组成进行了分级测定,并运用相关分析、逐步回归分析对土壤无机磷各组分与速效磷之间的关系进行研究,揭示紫色土中无机磷的形态转化及在土体中的空间分布和移动规律,以期为在农业生产中制定更好的土壤磷管理措施以及保障该地区农业的可持续发展提供依据。

3.1 材料与方法

3.1.1 供试土壤与试验处理

试验地点设在长期定位点,位于重庆市北碚区西南大学试验农场,地处东经106°26′、北纬30°26′,属紫色丘陵区,方山浅丘坳谷地形,海拔266.3 m,年均气温18.4 ℃,日照1276.7 h,全年降水1105.5 mm,为亚热带季风气候。试验土壤为侏罗纪沙溪庙组紫色泥页岩发育形成的紫色土,中性紫色土亚类,灰棕紫泥土属。在重庆市大部分区县分布有此类土壤,因此,用它作为供试土壤具有广泛的代表性。试验始于1990年,试验为随机区组设计,共设计4个处理:①常规平作(中稻-冬水田)(CF);②垄作免耕1(中稻-冬水田)(RNT1);③垄作免耕2(中稻-油菜或小麦)(RNT2);④水旱轮作(中稻-油菜或小麦)(CR)。上述每个处理小区面积20 m²,设计3次重复。具体处理以及耕作方式见表3-1。

表3-1 试验处理基本情况

处理	具体耕作处理	各处理施肥等情况
常规平作(CF)	按传统的方法每年三犁三耙翻耕植稻,水稻收获后灌冬水	尿素(N 46%)273.1 kg·hm⁻²,过磷酸钙(P_2O_5 12%)500.3 kg·hm⁻²,氯化钾(K_2O 60%)150.1 kg·hm⁻²;小麦和水稻都用过磷酸钙作底肥一次施用,尿素底肥施2/3、追肥施1/3,氯化钾底肥和追肥各施1/2,每年均如此。1990~1997年处理RNT2、CR水稻-小麦轮作,之后为水稻-油菜轮作,水稻品种为油优63号,小麦品种为西农麦1号、油菜品种为渝油1号,常规生产管理
垄作免耕1(RNT1)	做垄方法:拉线起垄,将垄沟的土壤抱在陇埂上,垄面不宜用手抹平,尽量保持土壤结构,一垄一沟55 cm,垄顶宽25 cm、沟宽30 cm、沟深35 cm。水稻植在垄梗的两侧,每垄栽2行,每小区做5垄,水稻收获后免耕灌冬水	
垄作免耕2(RNT2)	全年不翻不耕,做垄方法与垄作免耕1相同。水稻收获后种小麦,在小麦生长期间,降低垄沟水位,保持浸润灌溉,第二年小麦收获后灌水、种植水稻	
水旱轮作(CR)	按传统方法水稻平作,水稻收获后,翻耕种小麦,小麦收获后灌水、犁耙、种水稻	

试验前土壤(BEF)的基本理化性质为:pH 7.7,有机质 23.9 g·kg^{-1},全氮 1.29 g·kg^{-1},全磷 0.48 g·kg^{-1},全钾 22.7 g·kg^{-1},碱解氮 93.2 mg·kg^{-1},有效磷 4.3 mg·kg^{-1},速效钾 71.1 mg·kg^{-1},CaCO$_3$ 0.059%,物理性黏粒 144.2 g·kg^{-1}。

3.1.2　测定项目及其方法

2013 年 8 月水稻收获后采用 S 形多点采样法,分别采集定位试验地各处理 0~20 cm、20~40 cm、40~60 cm、60~80 cm、80~100 cm 土层(本研究只将变化比较明显且较为规律的 0~20 cm 和 20~40 cm 土壤剖面为研究对象)土样 1.5 kg,带回实验室风干、过筛,测定全磷、有效磷、pH、有机质,以及各层次的 Ca$_2$-P、Al-P、Fe-P、Ca$_8$-P、O-P(闭蓄态磷)与 Ca$_{10}$-P 等 6 种形态(均为 3 次重复的平均值)含量,土壤基本理化性质按常规方法测定,无机磷分级浸提采用蒋柏藩和顾益初(1989 年)的方法,土壤无机磷总量为各形态无机磷含量之和,耕层无机磷各组分相对含量为各形态无机磷占无机磷总量的百分比。试验前土壤测定指标同上。

3.1.3　数据处理与统计分析方法

数据采用 Microsoft Excel 2007、SPSS 19.0 软件进行处理,各处理均值多重比较采用 LSD 法,显著性水平分别为 0.05 和 0.01。

3.2　结果与分析

3.2.1　长期保护性耕作对紫色土耕层土壤全磷、无机磷、有效磷含量的影响

由表 3-2 可以看出,经过 22 年常规平作、冬水田、垄作免耕、水旱轮作等不同耕作后,土壤耕层中全磷、无机磷、有效磷含量都发生了很大的变化。所有处理耕层土壤的全磷、有效磷含量都较试验前土壤有明显上升。经过统计分析得出,长期不同耕作方式处理后紫色土壤有效磷含量差异达到了极显著水平($P<0.01$),全磷含量除了常规平作(CF)处理和水旱轮作(CR)处理没有显著性差异外,其他各个处理之间也都达到了显著水平($P<0.05$)。各处理无机磷总量与试验前土壤差异均达到了显著水平($P<0.05$),除

垄作免耕 1（RNT1）处理与水旱轮作（CR）处理外，各处理间差异也达到了极显著水平（$P<0.01$）。各处理中，全磷含量的变化范围为 483.2～1917.0 mg·kg^{-1}，有效磷含量的变化范围为 5.6～39.4 mg·kg^{-1}，无机磷含量的变化范围为 410.7～1492.7 mg·kg^{-1}，三者含量的大小顺序为 RNT2>CF>CR>RNT1>BEF。

从表 3-2 还可以看出，经过 22 年的不同耕作处理后土壤中各形态的无机磷含量都发生了很大的变化，具体表现为都比试验前土壤有了明显的提升，其中垄作免耕 2（RNT2）处理较试验前增加了 2 倍以上，垄作免耕 1（RNT1）处理也增加了 1.4 倍以上。

表 3-2　不同耕作处理土壤各形态磷含量　　　　单位:mg·kg^{-1}

处理	无机磷	全磷	有效磷
BEF	410.7 eD	483.2dD	5.6eE
CF	1165.7bB	1665.0bB	23.9bB
RNT1	1019.8dC	1520.0cC	16.5dD
RNT2	1492.7aA	1917.0aA	39.4aA
CR	1073.5cC	1660.0bB	19.1cC

3.2.2　长期保护性耕作对紫色土耕层土壤不同形态无机磷含量的影响

经过长期不同耕作处理之后土壤中不同形态无机磷含量发生了显著的变化，较试验前土壤也都有了较大的增加，其中累积增长幅度较大的是垄作免耕 2（RNT2）处理的 Fe-P 和 O-P 含量的增加，分别比试验前土壤增加了约 4.3 倍和约 3.26 倍（表 3-3）。由表 3-3 可以看出，各处理 Ca$_8$-P、Ca$_{10}$-P 和 O-P 含量间差异达到了显著水平（$P<0.05$），含量范围分别为 16.70～46.88 mg·kg^{-1}、219.10～696.75 mg·kg^{-1} 和 117.50～501.02 mg·kg^{-1}，含量大小顺序为 RNT2>CF>CR>RNT1>BEF，跟有效磷、全磷含量大小顺序一致。Ca$_2$-P 作为植物的高效有效磷源已被证实。各处理间 Ca$_2$-P 含量差别不大，但均高于试验前土壤。

表 3-3　不同耕作处理各形态无机磷含量　　　　　单位:mg·kg^{-1}

处理	Ca_2-P	Ca_8-P	$Al-P$	$Fe-P$	$Ca_{10}-P$	$O-P$
BEF	6.70±0.53c	16.70±1.25e	26.20±0.82d	24.50±1.97d	219.10±3.96e	117.50±10.38e
CF	25.75±0.78ab	42.06±1.01b	52.34±1.80b	53.75±1.84b	659.70±6.71b	332.10±7.03c
RNT1	25.39±0.60ab	24.63±0.55d	50.42±1.11bc	49.24±1.32c	596.05±5.04c	274.10±8.53d
RNT2	26.92±0.94a	46.88±1.50a	90.45±2.04a	130.72±2.69a	696.75±5.76a	501.02±9.95a
CR	24.25±0.83b	27.57±0.83c	48.02±1.50c	54.40±0.79b	493.17±6.85d	426.14±5.76b

已经证实,Fe-P 和 Al-P 也是植物的一种有效磷源,其中 Al-P 的作用与 Ca_2-P 相当。Fe-P 和 Al-P 的含量范围分别为 24.50～130.72 mg·kg^{-1} 和 26.20～90.45 mg·kg^{-1},含量大小顺序与 Ca_2-P 基本一致。其中,Fe-P 和 Al-P 含量增加较少的是垄作免耕1(RNT1)处理和水旱轮作(CR)处理。针对 Fe-P 来看,常规平作(CF)处理和水旱轮作(CR)处理之间没有显著性差异,其余处理间差异水平都达到了显著水平($P<0.05$),且各处理含量均高于试验前土壤。

$Ca_{10}-P$ 和 O-P 作为植物的潜在磷源,与 Ca_2-P、Fe-P 和 Al-P 不同的是:各处理中其含量差异水平均达到了显著水平($P<0.05$),同时,较试验前土壤也增加最多。这可能与它们作为不活跃的潜在磷源有关,当有效磷源与缓效潜在磷源累积到一定程度的时候,它们之间可以进行相互转化,长期耕作外加施肥,在植物从土壤中吸收有效磷素的同时 $Ca_{10}-P$ 和 O-P 潜在磷源也可以慢慢转化为有效的可供植物体吸收的有效磷源。林利红等(2006 年)和韩晓日等(2007 年)在棕壤上的研究发现,在长期没有磷素投入补偿的情况下,O-P 和 $Ca_{10}-P$ 一样都能慢慢地转化成能被植物利用的有效磷源。

长期耕作施肥能显著地提高土壤中各形态无机磷的含量。这主要是因为每年都向土壤中施加磷肥,土壤中的磷被固定累积,再者土壤中磷的释放与固定处于一个动态平衡的系统中,各形态无机磷也处于一个此消彼长、互相转化的变动中。

3.2.3　长期保护性耕作对紫色土无机磷各组分相对含量的影响

图 3-1 所示为长期不同耕作处理后与试验前土壤中 Al-P、Fe-P、$Ca_{10}-P$、Ca_8-P、Ca_2-P、O-P 的含量分别占总无机磷含量的百分数。

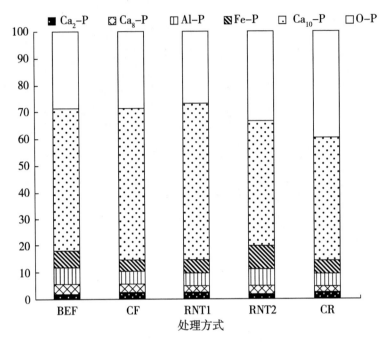

图 3-1　不同耕作处理各组分无机磷相对含量

由图 3-1 可以看出,试验前土壤的组成中,各形态无机磷相对含量的大小顺序为 $Ca_{10}-P(53.35\%)>O-P(28.61\%)>Al-P(6.38\%)>Fe-P(5.97\%)>Ca_8-P(4.07\%)>Ca_2-P(1.63\%)$。这与紫色菜园土中无机磷含量大小顺序 $Ca_{10}-P>Ca_8-P>Fe-P\approx Al-P\approx O-P>Ca_2-P$ 不同。它与棕壤土各无机磷组分相对含量也不尽相同,棕壤土中闭蓄态 O-P 含量较多。经过 22 年不同耕作处理施肥后,各个处理不同形态无机磷相对含量发生了变化,其中 CF、RNT2、CR 处理的 Fe-P 含量大于 Al-P 的含量。从图 3-1 还可以看出,紫色土中钙磷总体所占比例较高,这是紫色土风化程度较低的缘故。其中,对植物有效的磷源 Al-P、Ca_2-P、Ca_8-P 相对含量较低,而 O-P、$Ca_{10}-P$ 含量分别占到总无机磷含量的 28.49% ~39.69% 和 45.94% ~58.45%。这说明土壤中对植物体比较有效的磷源不足,而一半左右的无机磷都是以潜在磷源的形式存在。

3.2.4　长期保护性耕作对紫色土无机磷各组分剖面分布的影响

从图 3-2 可以看出,长期不同耕作试验后,各处理 Ca_2-P 含量分布均为 0 ~20 cm 耕层大于 20 ~40 cm 土层,即呈深度增加、含量减少的趋势。0 ~20 cm 耕层土壤中,常规平作(CF)处理 Ca_2-P 含量较垄作免耕 1(RNT1)处理高 0.36 mg·kg^{-1},处理间差异不显著;而 20 ~ 40 cm 土层土壤中,垄作免耕 1(RNT1)处理 Ca_2-P 含量比常规平作(CF)处理高 2.51 mg·kg^{-1},且处理间差异显著。长期不同耕作试验后,各处理 Ca_8-P 含量分布与 Ca_2-P 含量分布趋势较为一致,均为 0 ~ 20 cm 耕层较高,20 ~ 40 cm 土层较低。与 Ca_2-P 不同的是,不管是 0 ~ 20 cm 耕层土壤还是 20 ~ 40 cm 土层土壤,各处理间 Ca_8-P 含量差异均达到了显著水平($P<0.05$)。22 年试验后各处理 Al-P 含量都有了明显的提高,0 ~ 20 cm 耕层变化不大,20 ~ 40 cm 土层差异较为显著,变幅在 18.10 ~ 90.45 mg·kg^{-1} 之间。

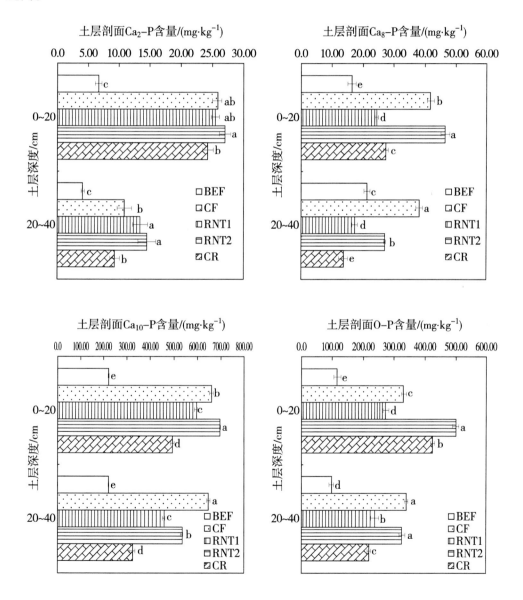

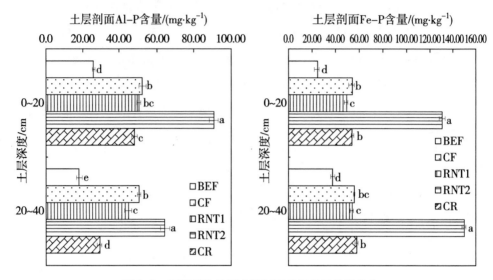

图3-2 不同耕作处理土壤剖面各组分无机磷分布

从图3-2还可以看出,不同耕作处理土壤Fe-P剖面分布与其他形态磷剖面分布不太一致。20~40 cm土层中Fe-P含量要高于0~20 cm耕层。探究出现下层土壤Fe-P含量高于耕层土壤的原因,可能是试验实行水稻轮作制度,水稻季时,由于淹水密闭,水土环境的pH升高,氧化还原电位降低,从而促进磷酸铁的水解作用加强,高价铁的磷酸盐还原为低价铁的磷酸盐,铁、硅复合体也被还原,下层还原作用更强;上层形成的Fe-P又向下淋溶,导致下层土壤中Fe-P含量高于耕层土壤。

各个处理Ca_{10}-P和O-P整体含量在无机磷总量中都是比较高的,这说明供植物体吸收的土壤中磷大部分还是以无效态即潜在磷源存在。同时,由于土壤中的无机磷在一定条件下可以互相转化,缺磷条件下潜在磷源Ca_{10}-P和O-P转化分解为可以为植物体所吸收利用的有效磷源。造成耕层O-P含量高于底层的原因可能是闭蓄态的磷被铁铝等氧化物包裹,在下层土壤中由于还原性强,包膜被溶解还原,转化为非闭蓄态的磷,从而造成了底层O-P含量低于耕层的分布特征。

3.2.5 土壤各形态磷及其与土壤基本理化性质之间的相关关系分析

表3-4所示为土壤各形态磷与土壤基本理化性质相关分析结果。从表3-4中可以看出,各形态磷与土壤基本理化指标之间多存在相关关系。土壤全磷与各形态无机磷之间均呈现显著相关关系。作为反映土壤磷素养分供应水平高低指标的有效磷,与土壤全磷、Ca_2-P、Ca_8-P、Fe-P、Al-P也均呈显著的相关关系。从表3-4中还可以看出,土壤pH

与各组分磷及其全磷之间大多呈现显著的负相关关系。通过各组分之间的相关分析可以看出,土壤磷循环系统中,各形态磷素都处在一个相互影响的动态平衡之中。

表3-4　土壤磷素各组分与土壤基本理化性状相关系数

	Ca_2-P	Ca_8-P	$Al-P$	$Fe-P$	$Ca_{10}-P$	$O-P$	土壤全磷	有效磷	pH	有机质
Ca_2-P	1									
Ca_8-P	0.9091*	1								
$Al-P$	0.9001**	0.9547**	1							
$Fe-P$	0.8288*	0.8331*	0.8135*	1						
$Ca_{10}-P$	0.8613*	0.8945*	0.9030*	0.6259	1					
$O-P$	0.7405	0.7662	0.8422*	0.8113*	0.9558**	1				
土壤全磷	0.9823**	0.9972**	0.9089*	0.9355**	0.9503*	0.9095*	1			
有效磷	0.9369**	0.9012*	0.9158**	0.8287*	0.8059*	0.7472	0.9035*	1		
pH	-0.8841*	-0.8879*	-0.8441*	-0.9041*	-0.8756*	-0.9056*	-0.9191**	-0.7941	1	
有机质	0.8457*	0.8588*	0.8673*	0.7819	0.8293*	0.8481*	0.8939*	0.7386	0.7956	1

3.2.6　长期不同耕作耕层土壤无机磷对有效磷的贡献

由表3-4的相关分析可知,土壤有效磷与各形态无机磷组分之间的相关系数大小顺序为 Ca_2-P(0.9369)>$Al-P$(0.9158)>Ca_8-P(0.9012)>$Fe-P$(0.8287)>$Ca_{10}-P$(0.8059)>$O-P$(0.7472),与 Ca_2-P、$Al-P$ 呈极显著正相关,与 Ca_8-P、$Fe-P$ 呈显著正相关,与 $Ca_{10}-P$、$O-P$ 呈不显著的正相关。其中,土壤有效磷与 Ca_2-P 的相关系数最大,说明它们之间的相关程度最高,也表明它是最有效的磷源。$Al-P$、Ca_8-P、$Fe-P$ 是仅次于 Ca_2-P 的有效磷源,$Ca_{10}-P$ 和 $O-P$ 为非有效潜在磷源。

3.3　讨论

免耕作为农业生产中一种重要的保护性耕作方式,不需翻地整修,最大化地减少了机械对土壤的不必要的扰动,是维护土壤良好结构的重要措施。其作用机制主要是免耕可以改变土壤的通气透水性能,同时能调控土壤的物理、化学和生物性能,从而能够延长或缩短作物的生长期,促进或者抑制作物对养分的吸收。本研究中不同耕作方式对土壤中不同形态磷素含量影响很大,这与免耕垄作对土壤理化性质所发挥的作用有密切关系。免耕措施可以增加土壤水分渗透和与空气之间的气体交换,提高土壤导温率,促进水稻各个时期的生长。土壤透水通气良好,从而增强其中微生物的活力,增加土壤中磷素的供应,减少磷素流失。同时,与平作相比,垄作通过微地形改造,可显著地改善田间微气候,形成植株群体通风透光的新途径。垄作还可以促进团粒结构的发育,良好的土壤结构有利于作物根系的分布及其对水分、养分的吸收,降低土壤对肥料的固定截留,肥料的利用率也会相应地提高。综合来看,垄作免耕要优于常规平作,更有利于水稻发育对养分磷素的需求,残留于土壤中的磷素就要比常规平作少。因此,22 年长期定位试验使得常规平作处理中不同形态磷素含量要高于垄作免耕处理。

垄作免耕 2(RNT2)土壤中各形态无机磷含量比垄作免耕 1(RNT1)、常规平作(CF)都要高,其原因是:垄作免耕 2(RNT2)处理,在水稻收获后种小麦,增加了肥料的施入;再者垄作免耕 1(RNT1)和常规平作(CF)灌入冬水田时残留在田间的水稻秸秆会被淹水分解,释放的养分也会被第二年水稻生长再次吸收。同时,垄作免耕 2(RNT2)处理各形态无机磷含量要比水旱轮作(CR)高,主要是因为:垄作免耕在起垄过程中受到人工耕作影响,导致土壤比较松散,大量营养元素骤减,可溶态的微量元素含量降低,其次由于土壤长期保持浸润灌溉,氧化还原电位很低,关键是它主要是针对常规耕层采取的措施,虽然增加了耕层土壤的生态功能,但是土壤下层的理化性质和生态环境却不能有效改变。而水旱轮作(CR)处理通过干旱和淹水分别种植不同作物,可以较彻底地改善土壤耕层以下土壤的生态环境,通过水旱轮作有利于土壤氧化还原电位的提高,有利于有机物质分解,更加有利于作物对磷素养分的吸收和利用。以上因素共同作用产生了本研究结果。

3.4　小结

（1）经过 22 年的保护性耕作之后,0～20 cm、20～40 cm 深度土壤全磷、有效磷和各形态无机磷含量都发生了很大的变化,均比试验前土壤有不同程度的增加。其中无机磷含量,垄作免耕 2（RNT2）处理较试验前增加近 2 倍多,垄作免耕 1（RNT1）处理也增加了近 1.5 倍。不同耕作土壤中不同形态无机磷含量大小顺序为:垄作免耕 2（RNT2）>常规平作（CF）>水旱轮作（CR）>垄作免耕 1（RNT1）。土壤中的磷素容易为土壤中金属离子和矿物所吸附固定而累积,利用率非常低,只有最终能被植物体很好地吸收才能体现出其有效性,因此针对保护性耕作土壤中累积的磷素怎样更高效地利用是以后研究的方向。从不同耕作制度来看,其优势大小依次为:水旱轮作、垄作免耕和常规平作。水旱轮作作为较为优势的一种耕作制度实施起来也要根据当地实际的生产情况。

（2）紫色土不同形态磷素之间存在着显著正相关关系,无机磷各组分对紫色土有效磷的贡献大小顺序为:$Ca_2-P>Al-P>Ca_8-P>Fe-P>Ca_{10}-P>O-P$。

（3）从各形态无机磷在不同剖面紫色土总无机磷中所占比例来看,$Ca_{10}-P$ 和 O-P 较大,钙磷整体所占比例最大。

第4章

紫色土旱坡地土壤无机磷迁移转化特征及主控因素研究

磷肥的过度和不合理施用被认为是导致农业面源污染和引起水体富营养化的重要原因之一。磷肥施入农田容易被土壤固定,当季利用率较低,为了维持农业高产稳产,势必每年要向土壤中施加大量化学磷肥与生物有机肥,过量施肥的结果使得土壤耕层中磷素大量累积,农田土壤中过量的磷素可以通过地表径流、侵蚀和淋溶的方式进入地表水体和地下水体,从而造成农业面源污染,进而给环境带来一系列问题,农田生态系统中磷的流失已经成为水体富营养化的重要来源。近年来,基于环境优化的减量施肥研究已成为众多学者关注的热点,被称为"施肥技术的一次革命"。

国内外对磷素在土壤中的迁移、转化、循环及其污染控制进行了比较多的研究,同时土壤磷素行为与有机、无机肥料协同之间的关系也越来越为广大研究者所关注。Vadas(2005年)采用模拟降雨方法发现,地表径流和渗漏流失是土壤表施有机肥中磷素流失的主要途径,其中地表径流贡献较大。王涛(2009年)在滇池流域通过人工模拟降雨研究农田施用不同量水平有机肥(猪粪)对磷素流失的影响发现,随着施用有机肥(猪粪)量增加,农田各形态磷素平均浓度也相应提高,两者呈显著正相关关系。我国有机肥磷流失研究大多集中在对畜禽粪便排放量、发生量的统计,即使进行有机肥对水体富营养化影响研究也大多数是在实验室内针对降雨条件下土壤磷素地表径流流失特征方面的研究,田间原位条件下的研究较少,尤其是野外条件下坡耕地坡面尺度壤中水流和地表径流磷迁移输出的研究成果少见报道,此外对不同施肥量对土壤中磷素淋失的影响也有一些研究,而针对磷肥减量配施不同有机肥对紫色土旱坡地原位土壤磷素流失的影响还未有深入全面的研究。小麦玉米轮作制度是三峡库区旱坡地较为典型的种植制度,旱坡地大多分布于15°的缓坡地带。本研究选择长江三峡库区常见的紫色土旱坡地为研究对象,通过2011—2014年连续4年定位监测试验,对不同施磷水平以及磷肥减量配施不同有机肥条件下紫色土旱坡地土壤磷素流失进行了原位定点研究,发现了秸秆还田和猪粪有机肥配施化肥条件下紫色土旱坡地磷素流失规律,全面分析了地表径流与壤中水流磷素在水土界面的迁移特征,探讨了不同有机肥对土壤磷素流失的影响,对控制紫色土旱坡地农田土壤磷素流失产生的水体污染、制订施磷消减优化方案和评价秸秆还田、猪粪有机肥的生态效应具有重要的实践意义,也为控制农田面源污染和农业生产省本增效提供了科学依据。

4.1 材料与方法

4.1.1 供试土壤与试验处理

试验地点设在重庆市北碚区西南大学试验农场,该试验点为农业部南方山地丘陵面源污染监测试验点之一。地处东经106°24′20″、北纬29°48′42″,属紫色丘陵区、方山浅丘坳谷地形,年均气温18.4 ℃,日照1276.7 h,全年降水1105.5 mm,其中5~9月降雨量占全年总量的70%以上,为亚热带季风气候。试验土壤为侏罗纪沙溪庙组紫色泥页岩发育形成的紫色土,中性紫色土亚类,灰棕紫泥土属。长江三峡流域旱坡地多分布于此类土壤,因此,用作供试土壤具有广泛的代表性。土层较浅、60 cm左右,中等肥力水平。供试土壤基本理化性质见表4-1。

表4-1 供试土壤基本理化性质

pH	有机质/ (g·kg⁻¹)	全氮/ (g·kg⁻¹)	全磷/ (g·kg⁻¹)	全钾/ (g·kg⁻¹)	碱解氮/ (mg·kg⁻¹)	有效磷/ (mg·kg⁻¹)	速效钾/ (mg·kg⁻¹)
7.04	8.75	0.76	0.68	10.9	40.3	18.29	71.39

试验小区坡度为15°(紫色丘陵区坡耕地常见坡度),每个小区面积为32 m²(坡长8 m、宽4 m),坡向为东西方向。小区四周用砖砌成,中间用水泥墙的田埂隔开,同时在每个小区底部设置地表径流和壤中水流集流、收集装置,并连接两个独立的水池,分别收集地表径流、壤中水流样品。在径流池内安装自记水位计记录水位。小区与水池之间由汇流沟连接,通过汇流管道将小区产生的水流导入相对应的集水池。试验小区种植制度为紫色土旱坡地典型的"冬小麦-夏玉米"轮作模式。根据不同的施肥措施设7个处理,

3 次重复,随机区组设计,分别为:①不施磷肥(P0);②优化施肥(P);③倍量施磷肥(2P);④优化施肥+秸秆还田(SP);⑤优化施肥+猪粪有机肥(MP);⑥优化施肥量磷减20%+秸秆还田(SDP);⑦优化施肥量磷减20%+猪粪有机肥(MDP)。具体施肥处理以及耕作管理见表4-2。

表4-2　试验处理基本情况

处理	各试验处理具体施肥	具体耕作管理
不施磷肥 (P0)	冬小麦施肥方式:优化施肥指按照当地种植小麦所推荐的优化施肥量(每公顷施用 N、P_2O_5、K_2O 分别为 225 kg、75 kg、150 kg),其中30% 氮肥作为底肥、60% 拔节期追肥、10% 孕穗期追肥,磷肥全部作为基肥,钾肥 70% 作为底肥,30% 拔节期追肥。	各小区种植按当地传统,实行冬小麦-夏玉米的轮作模式。每年 4 月种植玉米,11 月种植小麦,当年 8 月收获玉米,次年 5 月收获小麦。冬小麦采用穴播方式,株行距为 30 cm×30 cm,播种前施底肥,次年 2 月施追肥。夏玉米采用移栽方式,株行距为 40 cm×150 cm,3 月开始育苗,4 月中旬移栽到试验地,5 月下旬施追肥。对试验小区进行必要的田间管理,实时观测田间作物长势并在合适的时间开展追肥、除草和施药等必要的农事活动,以保证作物生长良好。小麦、玉米施肥与田间管理按照当地传统进行
优化施肥 (P)	夏玉米施肥方式:优化施肥指按照当地种植夏玉米所推荐的优化施肥量(每公顷施用 N、P_2O_5、K_2O 分别为 188 kg、90 kg、150 kg),其中全部磷肥、钾肥和 1/3 氮肥作为底肥,2/3 的氮肥作为追肥。	
倍量施磷肥 (2P)	倍量施磷肥就是冬小麦、夏玉米磷肥在优化施肥的基础上施用量加倍,其他施肥量和施肥方法不变。	
优化施肥+ 秸秆还田(SP)	优化施肥量磷减20%就是按当地种植相应作物所推荐的每公顷 P_2O_5 施用量减少20%,N 和 K_2O 施用量不变。	
优化施肥+ 猪粪有机肥(MP)	处理所用氮、磷、钾化肥分别为尿素(含 N 46.4%)、过磷酸钙(含 P_2O_5 12%)、氯化钾(含 K_2O 60%)。	
优化施肥量磷 减 20%+秸秆还田 (SDP)	处理中 M 代表猪粪有机肥(猪粪经过一周左右腐熟),其中的大量营养元素全氮、磷、钾含量分别为 1.34%、1.3%、0.8%,施用量为每年 22500 kg·hm^{-2};S 代表秸秆翻压还田,其中的营	
优化施肥量磷 减 20%+猪粪有机肥 (MDP)	养元素含量折合成 N、P_2O_5、K_2O 分别为 0.49%、0.18%、0.75%,施用量为每年 7500 kg·hm^{-2}。有机肥作为底肥与土壤混合均匀施用	

4.1.2　样品采集与测定项目及方法

4.1.2.1　土壤样品的采集与分析

2011年3月夏玉米种植前和2015年8月夏玉米收获后分别采集各小区土层深度为0~20 cm、20~40 cm、40~60 cm的土样,且根据坡面上、中、下不同位置分别采集,两次采集方法和采样点均相同,分别采用S形多点采样法,重复3次,相同层次的土样混合均匀,每个混合样取1.5 kg,带回实验室风干、过筛,测定全磷和有效磷含量。

土壤基本理化性质按常规方法测定,土壤pH采用电位法;土壤全磷采用碱熔-钼锑抗比色法;土壤有效磷采用0.5 mol·L^{-1} NaHCO$_3$浸提-钼锑抗比色法;土壤全氮采用凯氏定氮法;土壤碱解氮采用扩散法;土壤全钾、速效钾采用火焰光度计法;土壤有机质采用重铬酸钾容量法。

4.1.2.2　植株样品的采集与分析

冬小麦-夏玉米植株样品的采集和分析项目见表4-3。

表4-3　冬小麦-夏玉米采集与分析项目

供试作物	冬小麦	夏玉米
测定项目	1. 调查作物的基本苗。 2. 各生育期的株高、叶龄、次生根、分蘖数、叶面积(用长宽系数法测叶长、叶宽,$S=0.83×L×B$,S为叶面积,L为叶长,B为叶宽)、干重(烘干法,在所测定时期在每个小区每次取10株,测株高和叶面积后,烘干测干物质重)。 3. 收获时测定株高、穗数、穗粒数、千粒重、样点粒重。 4. 产量测定,小麦成熟时在每个小区随机取3个样点,每个样点为1 m双行进行产量测定,最后3个小区9个样点产量平均,再折算成每公顷的产量。 5. 植株地上部分营养体及籽粒经烘干粉碎后采用硫酸-双氧水消化-钒钼黄比色法测定全磷含量	1. 主要生育期的株高、叶面积(用长宽系数法测叶长、叶宽,$S=0.75×L×B$,S为叶面积,L为叶长,B为叶宽)、干重(在主要生育期取样,分器官烘干称重,每次每个小区取5株)。 2. 收获期时测定穗粗、穗长、穗位高、株高、穗行数、行粒数、千粒重、亩穗数。 3. 玉米收获后,各小区作物均单收实测,成熟植株样品分地上部营养体和籽粒两部分统计产量,植株地上部分在105 ℃下杀青30 min,70 ℃下烘干至恒重。 4. 植株地上部分营养体及籽粒经烘干粉碎后采用硫酸-双氧水消化-钒钼黄比色法测定全磷含量
计算方法	作物养分吸收量=籽粒产量×籽粒养分含量+秸秆产量×秸秆养分含量 磷肥利用率=(施肥区磷素吸收量-不施磷区磷素吸收量)/施磷量×100%	

4.1.2.3 水样的采集与分析

从2011年开始监测各处理小区各形态磷流失量。2014年雨季5~8月采集每次降雨产流事件各处理小区的地表径流和壤中水流过程样,降雨产流结束后,测定集水池中地表径流和壤中水流水量,然后将池中水样充分混匀,用蒸馏水洗净的玻璃瓶(磷酸盐易吸附在塑料瓶上,故含磷量较少的水样不用塑料瓶盛装)在池中不同深度多点取混合水样500 mL,立即送往实验室放入4℃冰箱中保存,并于48 h内完成分析测定,并用烘干法测定泥沙量。每次取样后都将池内水和泥沙排放清洗干净,供下次降雨备用。同时在试验点布置虹吸式自记雨量计一个,以便记录每次降雨量。试验期间共发生61次降雨事件,总降雨量为604.5 mm。根据我国气象部门规定的降雨强度等级划分,61次降雨事件中有中雨6次、大雨4次、暴雨2次,其余为比较小的降雨。大部分小雨降雨事件都没有地表径流产生,根据野外试验实际情况,试验期间共采集到地表径流和壤中水流10次有效数据。本研究以该地区雨季三次典型的降雨事件(5月10日中雨,降雨量18.9 mm;7月11日暴雨,降雨量71.9 mm;8月9日大雨,降雨量42.8 mm)为重点研究对象。水样分析指标为总磷(TP)、总可溶性磷(TDP)、可反应性无机磷(MRP)、颗粒态磷(PP)、可溶性有机磷(DOP)。对试验期间降雨水样同时采集检测,其值低于检测值。以上指标均按照标准方法分析。总磷(TP)先采用$H_2SO_4-HClO_4$消解法,再用钼锑抗比色法;总可溶性磷(TDP)先采用真空泵0.45 μm滤膜过滤,再用$H_2SO_4-HClO_4$消解法和钼锑抗比色法;可反应性无机磷(MRP)先采用直接真空泵0.45 μm滤膜过滤,再用钼锑抗比色法;颗粒态磷PP=TP-TDP;可溶性有机磷DOP=TDP-MRP。

典型次降雨土壤磷素流失负荷计算公式为

$$W_T = \frac{C_{SM}q_S + C_{BM}q_B}{1000}$$

式中,W_T为单次总磷流失负荷,单位为$g \cdot m^{-2}$;C_{SM}、C_{BM}分别为小区地表径流和壤中水流平均质量浓度,单位为$mg \cdot L^{-1}$;q_S、q_B分别为小区地表径流和壤中水流单位面积径流深度,单位为mm。

4.1.3 数据处理与统计分析方法

数据采用 Microsoft Excel 2007、SPSS 19.0软件进行处理,各处理均值多重比较采用LSD法,显著性水平为0.05。

4.2 结果与分析

4.2.1 不同施肥处理对作物生长发育的影响

选取影响小麦、玉米营养生长的最重要指标——株高和叶面积作为研究对象,研究不同施肥处理对冬小麦和夏玉米生长发育的影响。从表4-4可以看出,小麦在越冬之前,倍量施磷肥(2P)处理株高最高,达到了13.57 cm,但是与"优化施肥(P)""优化施肥+秸秆还田(SP)""优化施肥+猪粪有机肥(MP)"处理之间差异不显著($P<0.05$)。不施磷肥(P0)处理株高最低。"优化施肥量磷减20%+秸秆还田(SDP)"和"优化施肥量磷减20%+猪粪有机肥(MDP)"处于中间梯度,但是与不施磷肥(P0)处理之间差异也达到了显著水平($P<0.05$)。但是,随着小麦生育期的往后推移,减量化学磷肥配施有机肥的处理"优化施肥量磷减20%+秸秆还田(SDP)"和"优化施肥量磷减20%+猪粪有机肥(MDP)"小麦株高与全量化肥处理的小麦株高已无差异。甚至在孕穗期SDP处理小麦株高比P处理高出4%,说明有机肥作为缓效肥料,施入土壤过后能够缓慢释放出养分供作物吸收利用。

表4-4 不同施肥处理冬小麦生长性状比较

项目	生育期	处理						
		P0	P	2P	SP	MP	SDP	MDP
株高/cm	越冬前	11.34±0.44c	13.51±0.67a	13.57±0.83a	13.45±0.75a	13.50±0.56a	12.44±0.94b	12.51±0.55b
	返青期	9.86±0.77c	11.78±0.33a	11.71±0.96a	11.83±0.34a	11.47±0.29a	11.00±0.68ab	10.90±0.53ab
	拔节期	36.43±1.37b	49.56±1.58a	49.34±1.93a	50.49±2.01a	50.21±2.22a	49.97±1.09a	49.34±1.86a
	孕穗期	54.90±1.49c	64.89±2.06b	65.33±2.68ab	68.86±2.77a	67.57±2.53a	67.46±2.80a	66.34±2.45a
单株叶面积/cm²	越冬前	5.23±0.35b	9.35±0.47a	9.46±0.43a	9.58±0.21a	9.31±0.66a	8.30±0.48a	8.01±0.54ab
	返青期	6.04±1.02c	14.35±1.36b	14.88±0.98b	17.69±1.14a	18.72±1.83a	16.44±1.94ab	17.01±1.23a
	拔节期	37.49±1.88c	100.23±2.54b	101.45±3.55b	124.56±2.89a	123.79±2.91a	123.65±3.44a	122.57±3.76a
	孕穗期	43.58±1.39c	116.34±3.55b	118.59±3.99b	141.21±4.12a	144.54±3.75a	139.38±2.83a	140.22±2.62a

表4-5 不同施肥处理夏玉米生长性状比较

项目	生育期	处理						
		P0	P	2P	SP	MP	SDP	MDP
株高/cm	拔节期	104.56±3.85c	139.55±4.65a	145.38±4.31a	141.35±3.99a	140.22±3.22a	125.50±3.64b	129.31±3.43b
	抽雄期	200.67±3.67b	271.36±5.44a	269.55±4.09a	280.18±5.11a	282.33±4.39a	275.34±4.03a	276.49±5.08a
	成熟期	203.57±3.36b	269.95±3.95a	268.47±3.06a	279.11±4.54a	280.38±3.53a	276.44±3.86a	276.95±3.91a
单株叶面积/cm²	拔节期	2012.4±8.5b	2629.7±10.4a	2646.1±9.6a	2734.5±10.3a	2819.9±9.9a	2587.5±8.7a	2597.2±7.2a
	抽雄期	5435.8±10.3b	7096.5±15.3a	7132.3±14.2a	7859.4±12.2a	7801.1±11.8a	7521.5±11.4a	7756.4±10.6a
	成熟期	5319.9±10.2b	6856.8±11.3a	6915.6±12.9a	7459.8±13.1a	7541.2±12.8a	7210.0±13.6a	7398.3±15.4a

从表4-5可以看出,玉米主要的生育期不同施肥处理之间株高变化规律与小麦有相似之处,在玉米生长发育后期,减量无机化肥配施有机肥处理表现出比单施化肥更大的优势。玉米主要的生育期各施肥处理单株叶面积表现为:优化施肥(P)、倍量施磷肥(2P)、优化施肥+秸秆还田(SP)、优化施肥+猪粪有机肥(MP)、优化施肥量磷减20%+秸秆还田(SDP)和优化施肥量磷减20%+猪粪有机肥(MDP)处理都比不施磷肥(P0)处理高,且与其之间的差异达到了显著水平($P<0.05$),但是它们之间差异不显著。

4.2.2 不同施肥处理对作物产量和磷吸收利用的影响

从不同施肥措施对冬小麦-夏玉米产量影响结果(表4-6)可以看出,与不施磷肥(P0)处理相比,其他各施肥处理对冬小麦和夏玉米的产量增加都有一定的促进效果,但是它们增产效应存在一定的差异。小麦季倍量施磷肥(2P)处理增产效果最佳,比常规优化施肥(P)处理($371\ kg \cdot hm^{-2}$)增产17%,但是与其他处理间差异不显著。值得注意的是,优化施肥量磷减20%+秸秆还田(SDP)处理和优化施肥量磷减20%+猪粪有机肥(MDP)处理也分别比常规优化施肥(P)处理增产2%和1%。玉米季优化施肥+秸秆还田(SP)处理和优化施肥+猪粪有机肥(MP)处理增加产量的效果最为显著。减磷配施有机肥处理与常规施肥处理对玉米的产量影响不明显。

从表4-6可以看出,不管是冬小麦季还是夏玉米季,都以倍量施磷肥(2P)处理作物磷吸收量为最高,但是磷素表观利用率却不高。小麦季优化施肥量磷减20%+秸秆还田(SDP)处理和优化施肥量磷减20%+猪粪有机肥(MDP)处理的磷肥表观利用率分别比常规优化施肥(P)处理高5.9%和4.2%。玉米季有机、无机肥配施处理磷肥表观利用率也显著高于单施化肥处理($P<0.05$)。

以上研究结果说明,尽管倍量施磷肥(2P)处理可以增加作物对磷素的吸收量,但是经济效益和利用率却大大降低,会导致肥料资源的浪费和环境的污染。有机、无机肥料配施可以显著提高作物对磷肥的吸收利用。紫色土旱坡地冬小麦和夏玉米适当减磷配施有机肥可以在不减产的前提下提高磷肥的利用率。

表4-6　不同施肥措施对作物产量和磷素吸收利用的影响

年份与作物	处理	产量/(kg·hm^{-2})	P$_2$O$_5$ 吸收量/(kg·hm^{-2})	P$_2$O$_5$ 表观利用率/%
2014 年夏玉米	P0	3012±129c	10.3±1.45d	—
	P	5269±334b	29.4±2.33c	21.2bc
	2P	5842±157ab	40.5±2.89a	16.7c
	SP	6056±432a	34.3±1.67b	25.3b
	MP	5956±159a	35.9±2.34b	26.1b
	SDP	5721±147b	33.7±1.22b	30.2a
	MDP	5773±238b	31.1±2.42bc	29.4a
2014—2015 年冬小麦	P0	1021±333c	5.1±0.35c	—
	P	2087±286ab	15.2±1.03a	13.5b
	2P	2458±199a	16.7±1.11a	7.7c
	SP	2397±278a	16.4±1.24a	12.7bc
	MP	2298±154a	16.6±1.37a	13.0b
	SDP	2144±321ab	13.3±1.22b	19.4a
	MDP	2109±244ab	13.5±1.44b	17.7a

4.2.3　不同施肥处理条件下紫色土旱坡地磷素年际流失特征

4.2.3.1　降雨特征

试验区域2011—2014年降雨量统计见表4-7。从表4-7中可以看出,近4年试验区平均年降雨量为1086 mm,2012 年、2013 年、2014 年年降雨量比平均年降雨量分别多1.7%、3.9%、17.5%,为丰水年,2011 年降雨量比年均降雨量少22.8%,为水平年。试验年份内每年出现的日最大降雨量均在85 mm 或85 mm 以上,且有随年降雨量增大而增大的趋势,出现的日期大致集中于 5～7 月份,降雨量季节变化较为明显。降雨强度达到使坡面产生径流的降雨视为有效降雨,分析年降雨量和有效降雨次数、有效降雨量可以看出,随着年降雨量的增大,有效降雨次数和降雨量也有增大趋势。

表 4-7 试验区 2011—2014 年降雨特征统计

年份	年降雨量/mm	水文年	日最大降雨量		有效降雨	
			降雨量/mm	出现日期	次数	累积有效降雨量/mm
2011	838.00	水平年	85.00	6.17	6	195.10
2012	1104.00	丰水年	89.00	5.21	11	538.20
2013	1128.00	丰水年	102.70	6.22	13	631.89
2014	1276.00	丰水年	106.10	7.11	14	647.50

4.2.3.2 不同施肥处理对旱坡地磷素流失含量的影响

从表 4-8 可以看出,同一年份不同施肥处理 TP 和 TDP 的流失含量呈现不同变化状况。以 2014 年为例,各施肥处理 TP 流失含量变化范围为 $0.207～1.732$ mg·L^{-1},TDP 流失含量变化范围为 $0.031～0.311$ mg·L^{-1}。从 2011—2014 年不同施肥处理 TP 和 TDP 平均流失含量可以看出,TP 流失含量大小顺序为:倍量施磷肥(2P)>优化施肥(P)>优化施肥+猪粪有机肥(MP)>优化施肥+秸秆还田(SP)>优化施肥量磷减 20% +猪粪有机肥(MDP)>优化施肥量磷减 20% +秸秆还田(SDP)>不施磷肥(P0)。倍量施磷肥(2P)处理的总磷流失含量最高。对于 TP 平均流失含量,优化施肥(P)处理分别是优化施肥量磷减 20% +秸秆还田(SDP)处理和优化施肥量磷减 20% +猪粪有机肥(MDP)处理的 2.48 倍、2.04 倍。TDP 的平均流失含量与 TP 的平均流失含量的大小顺序稍有不同,各处理大小顺序为:倍量施磷肥(2P)>优化施肥+猪粪有机肥(MP)>优化施肥(P)>优化施肥+秸秆还田(SP)>优化施肥量磷减 20% +猪粪有机肥(MDP)>优化施肥量磷减 20% +秸秆还田(SDP)>不施磷肥(P0)。

表4-8　不同处理各形态磷流失含量　　　　单位:mg·L⁻¹

指标	年份、均值	处理						
		P0	P	2P	SP	MP	SDP	MDP
TP	2011	0.343±0.011	1.142±0.035	1.521±0.039	0.812±0.010	0.987±0.011	0.476±0.033	0.654±0.021
	2012	0.297±0.016	1.291±0.033	1.711±0.043	0.853±0.016	1.007±0.019	0.523±0.017	0.616±0.027
	2013	0.251±0.024	1.275±0.031	1.654±0.050	0.809±0.032	0.934±0.022	0.422±0.038	0.509±0.016
	2014	0.207±0.035	1.389±0.047	1.732±0.051	0.901±0.016	1.007±0.017	0.633±0.021	0.714±0.019
	均值	0.274±0.027	1.274±0.033	1.654±0.032	0.843±0.036	0.983±0.046	0.513±0.055	0.623±0.033
TDP	2011	0.037±0.011	0.171±0.020	0.258±0.014	0.154±0.013	0.207±0.021	0.109±0.015	0.117±0.022
	2012	0.047±0.014	0.245±0.021	0.307±0.028	0.179±0.019	0.231±0.011	0.135±0.023	0.172±0.024
	2013	0.045±0.014	0.140±0.011	0.264±0.020	0.153±0.022	0.186±0.010	0.101±0.011	0.127±0.023
	2014	0.031±0.003	0.277±0.021	0.311±0.031	0.171±0.023	0.221±0.025	0.158±0.010	0.199±0.021
	均值	0.040±0.001	0.208±0.026	0.285±0.027	0.164±0.009	0.211±0.034	0.126±0.014	0.154±0.020

4.2.3.3　不同施肥处理对旱坡地磷素年流失量的影响

表4-9所示为不同施肥处理TP和TDP的年流失量。从表4-9中可以看出,不同处理条件下TP和TDP年流失量有明显的差异。各处理的TP和TDP年流失量变化范围比较大,分别为0.06~1.58 kg·hm⁻²·a⁻¹和0.009~0.268 kg·hm⁻²·a⁻¹。从2011—2014年不同施肥处理的TP和TDP平均年流失量可以看出,TP平均年流失量大小顺序为:倍量施磷肥(2P)>优化施肥(P)>优化施肥+猪粪有机肥(MP)>优化施肥+秸秆还田(SP)>优化施肥量磷减20%+猪粪有机肥(MDP)>优化施肥量磷减20%+秸秆还田(SDP)>不施磷肥(P0)。其中,倍量施磷肥(2P)处理TP平均年流失量最高,优化施肥(P)处理TP平均年流失量分别是优化施肥量磷减20%+秸秆还田(SDP)处理和优化施肥量磷减20%+猪粪有机肥(MDP)处理的2倍、1.58倍。TDP年流失量与TP年流失量的大小顺序稍有不同,各处理大小顺序为:倍量施磷肥(2P)>优化施肥+猪粪有机肥(MP)>优化施肥(P)>优化施肥量磷减20%+猪粪有机肥(MDP)>优化施肥+秸秆还田(SP)>优化施肥量磷减20%+秸秆还田(SDP)>不施磷肥(P0)。

表4-9 不同处理各形态磷年流失量　　单位:kg·hm^{-2}·a^{-1}

指标	年份、均值	处理						
		P0	P	2P	SP	MP	SDP	MDP
TP	2011	0.14±0.01	1.01±0.04	1.58±0.04	0.69±0.01	0.77±0.03	0.41±0.02	0.54±0.01
	2012	0.12±0.01	0.59±0.03	0.88±0.03	0.45±0.01	0.51±0.01	0.32±0.01	0.43±0.02
	2013	0.10±0.02	0.47±0.03	0.78±0.02	0.36±0.01	0.39±0.01	0.22±0.01	0.32±0.01
	2014	0.06±0.02	0.51±0.04	0.81±0.04	0.40±0.01	0.42±0.02	0.33±0.01	0.35±0.01
	均值	0.11±0.03	0.65±0.03	1.01±0.06	0.47±0.02	0.52±0.02	0.32±0.03	0.41±0.02
TDP	2011	0.015±0.011	0.151±0.021	0.268±0.010	0.131±0.010	0.162±0.010	0.094±0.001	0.097±0.001
	2012	0.019±0.010	0.112±0.020	0.158±0.020	0.095±0.001	0.117±0.010	0.083±0.001	0.120±0.001
	2013	0.018±0.010	0.051±0.001	0.125±0.011	0.068±0.021	0.078±0.001	0.053±0.001	0.080±0.001
	2014	0.009±0.003	0.102±0.021	0.146±0.030	0.076±0.010	0.092±0.011	0.083±0.010	0.098±0.000
	均值	0.015±0.001	0.104±0.030	0.174±0.021	0.093±0.001	0.112±0.021	0.078±0.001	0.099±0.001

从不同年份来看,不同形态磷年流失量也有较大差异。总体来说,大概是 2011 年度各施肥处理 TP 和 TDP 流失量较大,2012、2013、2014 年较小。这可能是因为 2011 年为试验开展的第一年,坡耕地经过翻耕之后土质较为疏松,再者试验初期作物长势较差,对雨水拦截能力较弱,导致大量的磷素随着地表径流流失。

4.2.4 次降雨条件下不同施肥处理对旱坡地坡面产流、产沙的影响

由图4-1可以看出,紫色土旱坡地雨季典型次降雨中到暴雨平均径流量为 10.68 ~ 52.32 mm,泥沙量为 13.58 ~ 40.20 kg·km^{-2}。壤中水流比地表径流所占比例要大,占总径流量的 53% 以上。这是紫色土旱坡地雨季径流的主要输出方式,与紫色土所特有的土壤质地疏松、孔隙度大、导水率较高,以及下伏弱透水性母质的"岩土二元结构"有关。这与刘刚才(2002 年)、周明华(2010 年)的研究结果一致。图4-1 亦说明,同一施肥方式下,随着降雨量的增大,地表径流和壤中水流亦增加。雨季地表径流量大小呈现为"优化施肥(P) ≈ 倍量施磷肥(2P) ≈ 不施磷肥(P0)>优化施肥+秸秆还田(SP) ≈ 优化施肥+猪粪有机肥(MP) ≈ 优化施肥量磷减 20% +秸秆还田(SDP) ≈ 优化施肥量磷减 20% +猪粪有机肥(MDP)"的关系。含有有机肥的处理(SP、MP、SDP、MDP)地表径流量都显著低于单施化肥(2P、P、P0)处理(P<0.05),有机、无机肥料配施能显著地减少紫色土旱坡地地表径流量。这是因为猪粪和秸秆与化肥长期配合施用能显著降低土壤容重,提高土壤孔

隙度、土壤团聚体稳定性和土壤持水量(聂军等,2010 年),并且有机肥具有保护土壤和减缓雨水对土壤冲击洗刷的效应(潘根兴等,2003 年)。

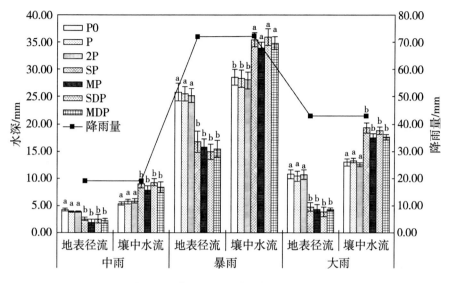

图 4-1　不同施肥处理紫色土旱坡地地表径流、壤中水流径流变化

雨季壤中水流径流量大小与地表径流不同,各处理呈现出"优化施肥(P) ≈ 倍量施磷肥(2P) ≈ 不施磷肥(P0)<优化施肥+猪粪有机肥(MP) ≈ 优化施肥量磷减 20% +猪粪有机肥(MDP)<优化施肥+秸秆还田(SP) ≈ 优化施肥量磷减 20% +秸秆还田(SDP)"的关系。含有有机肥处理(SP、MP、SDP、MDP)壤中水流径流量都显著高于单施化肥(2P、P、P0)处理($P<0.05$),有机、无机肥料配施能显著地增加紫色土旱坡地壤中水流径流量,其中秸秆还田处理 SP、SDP 要比猪粪有机肥处理 MP、MDP 的更为显著。这是因为施入土壤中的有机肥(秸秆)未完全分解,会形成许多多孔管道,降雨后雨水会进入孔隙管道形成优势流,从而增加了壤中水流径流量。从图 4-2 中中、大、暴雨各处理产沙量可以看出,含有有机肥处理 SP、MP、SDP、MDP 的产沙量要显著低于单施化肥处理 2P、P、P0。因为施入土壤中的秸秆和猪粪有机肥可以增加土表粗糙度,有效降低雨滴对表土的击溅,具有良好的控蚀功能。

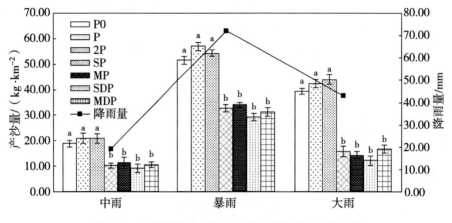

图 4-2　不同施肥处理紫色土旱坡地径流产沙量变化

4.2.5 次降雨条件下不同施肥处理对紫色土旱坡地地面径流和壤中水流磷素含量的影响

如表 4-10 所示,紫色土旱坡地地表径流和壤中水流中磷素含量受化肥施用量及秸秆还田和猪粪有机肥的影响,从地表径流各形态磷素含量来看,同样条件下,倍量施磷肥的处理 2P 中地表径流各形态磷素含量要高于其他处理,TP 含量最高达到了 1.870 mg·L^{-1},显著高于其他施肥处理($P<0.05$)。同时,磷肥施用量大的处理各形态磷素含量高于施用量小的处理。7 个处理地表径流中 TP 含量大小顺序是:倍量施磷肥(2P)>优化施肥(P)>优化施肥+猪粪有机肥(MP)>优化施肥+秸秆还田(SP)>优化施肥量磷减 20% +猪粪有机肥(MDP)>优化施肥量磷减 20% +秸秆还田(SDP)>不施磷肥(P0)。从试验结果可以看出,在暴雨条件下,SDP、MDP 处理总磷含量分别比 P 处理降低了 57% 和 48%,说明减磷配施有机肥对紫色土旱坡地坡面径流中磷素的流失有显著的消减效应,配施秸秆比配施猪粪有机肥的效果要好一些。这与龚蓉(2015 年)在中南丘陵旱地上和周明华(2010 年)在四川紫色土上的研究一致。从壤中水流各形态磷素含量来看,同样条件下,配施有机肥的处理壤中水流中各形态磷素含量要高于其他单施化肥处理,TP 含量最高达到了 0.060 mg·L^{-1},显著高于其他施肥处理($P<0.05$)。同时,磷肥施用量大的处理各形态磷素含量高于磷肥施用量小的处理。

表 4-10　不同施肥处理地表径流和壤中流各形态磷含量　　单位:$mg \cdot L^{-1}$

降雨强度	处理	地表径流磷素平均含量			壤中水流磷素平均含量			
		TP	TDP	PP	TP	TDP	DOP	MRP
中雨 (18.9 mm)	P0	0.170±0.030d	0.049±0.010d	0.121±0.010d	0.009±0.001c	0.007±0.001d	0.004±0.000d	0.003±0.000b
	SDP	0.430±0.120c	0.116±0.031c	0.314±0.031c	0.025±0.002b	0.016±0.000c	0.013±0.001c	0.003±0.000b
	MDP	0.460±0.230c	0.115±0.020c	0.345±0.022c	0.027±0.004b	0.019±0.001c	0.013±0.001c	0.007±0.000a
	P	0.790±0.160a	0.190±0.030a	0.600±0.090a	0.029±0.000b	0.019±0.000c	0.012±0.001c	0.007±0.001a
	2P	0.990±0.180a	0.237±0.060a	0.753±0.061a	0.051±0.002a	0.034±0.002a	0.026±0.002a	0.008±0.002a
	SP	0.550±0.130b	0.127±0.040c	0.424±0.022b	0.036±0.004a	0.024±0.002b	0.017±0.002b	0.007±0.001a
	MP	0.610±0.110b	0.165±0.012b	0.445±0.023b	0.038±0.001a	0.024±0.002b	0.018±0.001b	0.006±0.002a
大雨 (42.8 mm)	P0	0.210±0.050e	0.046±0.020c	0.164±0.011d	0.007±0.001d	0.005±0.000d	0.003±0.000c	0.002±0.000c
	SDP	0.430±0.130cd	0.006±0.000c	0.424±0.037c	0.028±0.004c	0.020±0.001c	0.014±0.001b	0.006±0.001b
	MDP	0.660±0.150c	0.139±0.051b	0.521±0.040c	0.030±0.001bc	0.024±0.003bc	0.016±0.000b	0.008±0.002b
	P	1.120±0.33b	0.168±0.020b	0.952±0.110a	0.038±0.004b	0.029±0.005b	0.017±0.003ab	0.011±0.003ab
	2P	1.560±0.38a	0.522±0.030a	1.038±0.114a	0.050±0.003a	0.031±0.004b	0.022±0.002a	0.009±0.002b
	SP	0.840±0.310c	0.160±0.040b	0.680±0.037b	0.048±0.005a	0.032±0.001b	0.023±0.001a	0.009±0.001b
	MP	0.960±0.230c	0.163±0.031b	0.797±0.063b	0.051±0.002a	0.041±0.003a	0.029±0.003a	0.013±0.003a
暴雨 (71.9 mm)	P0	0.170±0.150e	0.027±0.000d	0.143±0.050e	0.008±0.000d	0.005±0.002d	0.004±0.000d	0.002±0.000c
	SDP	0.640±0.060d	0.077±0.011d	0.563±0.050d	0.032±0.001c	0.022±0.004c	0.016±0.001c	0.005±0.001b
	MDP	0.770±0.140d	0.131±0.040c	0.639±0.039d	0.035±0.000c	0.022±0.001c	0.016±0.002c	0.006±0.000b
	P	1.490±0.440b	0.224±0.021c	1.267±0.331b	0.040±0.001b	0.030±0.001b	0.024±0.002b	0.006±0.001b
	2P	1.870±0.320a	0.338±0.010a	1.532±0.422a	0.053±0.001a	0.037±0.001a	0.030±0.001a	0.007±0.001ab
	SP	0.930±0.070c	0.121±0.051c	0.809±0.037c	0.052±0.001a	0.042±0.005a	0.035±0.002a	0.006±0.000b
	MP	1.090±0.07c	0.109±0.07c	0.981±0.121c	0.060±0.003a	0.042±0.007a	0.033±0.001a	0.009±0.001a

在中雨条件下,各处理中以倍量施磷肥处理(2P)壤中水流 TP 含量最高。而在大雨和暴雨条件下,7 个处理中壤中水流 TP 含量大小顺序是:优化施肥+猪粪有机肥(MP)>倍量施磷肥(2P)>优化施肥+秸秆还田(SP)>优化施肥(P)>优化施肥量磷减 20% +猪粪有机肥(MDP)>优化施肥量磷减 20% +秸秆还田(SDP)>不施磷肥(P0)。TDP 也表现为相同趋势。从试验结果可以看出,磷肥施用量增大和配施秸秆、猪粪有机肥可以提高紫色土旱坡地土壤磷素淋失的风险。这与胡宏祥(2015 年)在黄褐土上研究的结果一致。

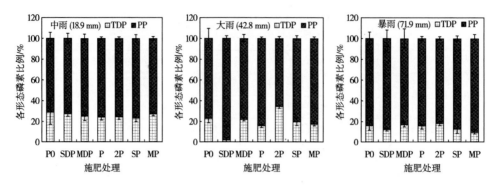

图4-3　雨季典型降雨地表径流中各形态磷所占比例

从图4-3中可以看出,无论何种施肥方式,地表径流中 PP 在 TP 中所占的比例都要高于 TDP,均值达到了 70% 以上,说明在紫色土旱坡地磷素地表径流流失的主要形态以颗粒态磷为主。

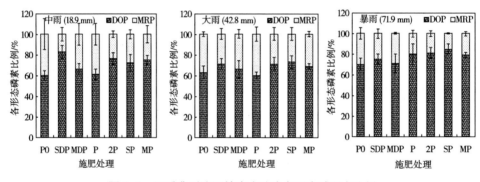

图4-4　雨季典型降雨壤中水流中各形态磷所占比例

从图4-4中可以看出,壤中水流中 DOP 平均占 TDP 的 60% 以上,是紫色土旱坡地磷素壤中水流流失的主要形态。

4.2.6　次降雨条件下地表径流和壤中流耦合对紫色土旱坡地磷素流失的影响

通过野外定点试验研究紫色土坡耕地雨季典型的降雨事件(中雨、大雨、暴雨),分析得出不同施肥方式下磷素总流失负荷,结果表明减磷配施有机肥对紫色土旱坡地磷素流失有显著的影响($P<0.05$),如表4-11 所示。雨季典型次降雨磷素总流失负荷为 0.01 ~ 0.47 kg·hm^{-2}。不同施肥处理下,典型次降雨磷素总流失负荷大小顺序大约为:倍量施

磷肥(2P)>优化施肥(P)>优化施肥+猪粪有机肥(MP)>优化施肥+秸秆还田(SP)>优化施肥量磷减20%+猪粪有机肥(MDP)>优化施肥量磷减20%+秸秆还田(SDP)>不施磷肥(P0)。暴雨条件下,单施化肥的处理磷素流失负荷显著高于其他减磷配施有机肥的处理($P<0.05$)。

表 4-11　不同施肥方式下雨季典型次降雨磷素流失负荷　　单位:kg·hm^{-2}

降雨强度	处理	地表径流流失负荷	壤中水流流失负荷	总流失负荷
中雨 (18.9 mm)	P0	0.01±0.00c	0.00±0.00b	0.01±0.00c
	SDP	0.02±0.00c	0.00±0.00b	0.02±0.00c
	MDP	0.02±0.00b	0.00±0.00b	0.02±0.00c
	P	0.05±0.00b	0.00±0.00b	0.05±0.00b
	2P	0.07±0.00a	0.01±0.00a	0.08±0.00a
	SP	0.04±0.00b	0.00±0.00b	0.04±0.00b
	MP	0.04±0.00b	0.01±0.00a	0.05±0.00b
大雨 (42.8 mm)	P0	0.02±0.00e	0.00±0.00c	0.02±0.00d
	SDP	0.03±0.00d	0.00±0.00c	0.03±0.01cd
	MDP	0.03±0.00d	0.01±0.00b	0.04±0.00c
	P	0.05±0.01b	0.01±0.00b	0.06±0.00b
	2P	0.08±0.01a	0.02±0.00a	0.10±0.00a
	SP	0.04±0.00c	0.01±0.00b	0.04±0.00c
	MP	0.04±0.01c	0.02±0.00a	0.05±0.00bc
暴雨 (71.9 mm)	P0	0.04±0.00e	0.01±0.00c	0.05±0.01e
	SDP	0.13±0.03d	0.01±0.00c	0.14±0.01d
	MDP	0.14±0.01d	0.02±0.00b	0.16±0.02d
	P	0.24±0.03b	0.02±0.00b	0.26±0.05b
	2P	0.42±0.03a	0.05±0.00a	0.47±0.05a
	SP	0.16±0.002c	0.03±0.00ab	0.19±0.03cd
	MP	0.17±0.002c	0.05±0.000a	0.22±0.04c

从表 4-11 可以看出,磷素地表径流流失负荷占磷素总流失负荷的90%以上,是紫色土旱坡地雨季磷素流失的主要途径。然而,壤中水流存在于土壤剖面中,其磷素流失的环境效应也同样不容忽视。秸秆还田和猪粪有机肥配施无机化肥对地表径流磷素流失有很好的控制作用,但是对壤中水流磷素流失却起到了促进作用。因此,在满足作物生

长发育营养需求的同时,秸秆及猪粪有机肥和化学磷肥配比对降低土壤磷素流失的机制值得进一步的研究。

4.2.7 不同施肥处理条件下次降雨磷素流失量与降雨量相关关系

如表4-12所示,将各施肥处理磷素流失量与降雨量做相关性分析,结果发现次降雨过程中磷素流失量与次降雨量没有明显的相关关系,但是降雨过程中总磷累积流失量和累积降雨量呈 $y = a\ln(x) - b, a > 0$ 对数关系相关,总可溶性磷累积流失量和累积降雨量呈 $y = ax - b, a > 0$ 线性关系相关(其中 P0 处理为对数关系相关)。

表4-12　磷素累积流失量与降雨累积量相关关系分析

总磷			总可溶性磷		
处理	回归方程	R^2	处理	回归方程	R^2
P0	$y = 2.2772\ln(x) - 7.1064$	0.9473	P0	$y = 3.2502\ln(x) - 10.765$	0.9549
SDP	$y = 3.2502\ln(x) - 10.765$	0.8306	SDP	$y = 0.003x - 0.212$	0.9754
MDP	$y = 3.6458\ln(x) - 12.003$	0.9034	MDP	$y = 0.0023x - 0.0213$	0.9803
P	$y = 5.4379\ln(x) - 18.947$	0.8843	P	$y = 0.0031x - 0.00736$	0.9793
2P	$y = 4.594\ln(x) - 11.900$	0.8776	2P	$y = 0.003x - 0.0013$	0.9715
SP	$y = 3.577\ln(x) - 11.104$	0.9154	SP	$y = 0.0021x - 0.0204$	0.9793
MP	$y = 3.431\ln(x) - 10.100$	0.9015	MP	$y = 0.0020x - 0.0193$	0.9302

4.2.8 不同施肥处理对紫色土旱坡地土壤磷含量的影响

4.2.8.1 紫色土旱坡地坡上、坡中、坡下表层土壤磷素的变化

冬小麦-夏玉米轮作种植季结束后,施用磷肥处理的土壤中全磷和有效磷含量有了不同程度的增加。各处理小区全磷和有效磷增长趋势较为一致。坡面下部土壤磷素增长量较坡面上、中部土壤大,说明坡位对土壤磷素的分布有一定的影响作用,土壤磷素多在坡面中、下部富集,可能与坡面的水土流失有关。

从图4-5可以看出,在坡面上部除了不施磷肥(P0)和优化施肥(P)处理全磷含量有所减少外,其他各处理全磷含量都呈增加趋势,坡面中、下部土壤中全磷含量的增长幅度要大于坡上,其中坡面下部优化施肥+猪粪有机肥(MP)处理比种植季前增加了 0.400 g·kg^{-1}。

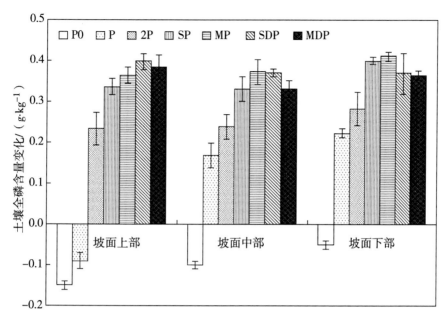

图4-5　试验前后坡面上、中、下部土壤全磷含量变化

由试验结果可知,土壤全磷含量整体增长量大小顺序大致为:优化施肥+猪粪有机肥(MP)>优化施肥+秸秆还田(SP)>优化施肥量磷减20%+猪粪有机肥(MDP)>优化施肥量磷减20%+秸秆还田(SDP)>倍量施磷肥(2P)>优化施肥(P)>不施磷肥(P0)。这说明有机、无机肥料配施能够减缓土壤磷素的流失。

从图4-6可以看出,种植季结束后,除了不施磷肥(P0)处理土壤有效磷含量降低外,其他各个小区处理坡面上、中、下部土壤中有效磷含量都呈增加趋势。其中,坡面中、下部土壤中有效磷含量增加幅度均高于坡面上部。各处理土壤有效磷增加量大小顺序大致为:优化施肥+猪粪有机肥(MP)>优化施肥+秸秆还田(SP)>优化施肥量磷减20%+猪粪有机肥(MDP)>优化施肥量磷减20%+秸秆还田(SDP)>倍量施磷肥(2P)>优化施肥(P)>不施磷肥(P0)。这说明有机、无机肥料配施可以增加土壤中磷素的有效性。整体来看,有效磷变化幅度要比全磷变化大,说明有机、无机肥料协同施肥对有效磷的影响大于全磷。

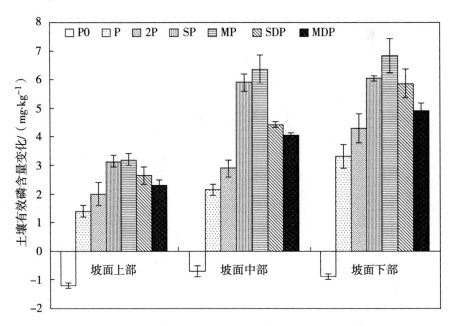

图 4-6　试验前后坡面上、中、下部土壤有效磷含量变化

4.2.8.2　不同施肥处理对紫色土旱坡地剖面土壤磷含量的影响

如表 4-13 所示,玉米收获后不同施肥处理土壤中的全磷和有效磷含量也存在一定的差异,不同处理不同层次之间的差异程度也不尽相同。0~20 cm 土层,土壤全磷含量大小顺序是:优化施肥+猪粪有机肥(MP)>优化施肥+秸秆还田(SP)≈优化施肥量磷减 20%+猪粪有机肥(MDP)>倍量施磷肥(2P)>优化施肥(P)>优化施肥量磷减 20%+秸秆还田(SDP)>不施磷肥(P0)。其中,MDP、MP、SP、P、2P 处理之间差异不显著,P 与 SDP 处理之间差异也不显著($P<0.05$)。但是,SDP 与 SP 处理之间差异显著,且施肥处理与不施磷肥处理之间差异均达到显著水平($P<0.05$)。在 20~40 cm 和 40~60 cm 土层,土壤各处理之间全磷含量变化不大,基本没有显著性差异。

表 4-13　不同处理不同层次土壤全磷、有效磷含量

处理	全磷/(g·kg⁻¹)			有效磷/(mg·kg⁻¹)		
	0~20 cm	20~40 cm	40~60 cm	0~20 cm	20~40 cm	40~60 cm
P0	0.59±0.01c	0.58±0.01b	0.60±0.02a	10.31±0.39c	8.38±0.23c	7.11±0.81c
SDP	0.65±0.02b	0.60±0.03ab	0.63±0.07a	19.81±0.82ab	14.63±0.76ab	9.98±0.79b
MDP	0.71±0.02a	0.64±0.01a	0.65±0.01a	20.55±0.94ab	15.39±1.32a	10.06±1.10ab
P	0.69±0.03ab	0.65±0.01a	0.66±0.01a	19.14±1.13b	13.01±0.82b	11.08±1.33a

续表 4-13

处理	全磷/(g·kg⁻¹)			有效磷/(mg·kg⁻¹)		
	0~20 cm	20~40 cm	40~60 cm	0~20 cm	20~40 cm	40~60 cm
2P	0.70±0.02ab	0.63±0.03a	0.65±0.02a	20.31±1.08ab	13.74±0.39b	11.55±1.02a
SP	0.71±0.01a	0.62±0.02a	0.61±0.04a	21.34±1.32a	15.89±1.63a	11.38±1.14a
MP	0.73±0.01a	0.67±0.01a	0.62±0.07a	22.71±1.03a	16.45±1.87a	12.15±1.09a

各处理之间有效磷含量也差异明显。首先,各施肥处理各层次土壤有效磷均高于不施磷处理。0~20 cm 土层,优化施肥+猪粪有机肥(MP)处理的土壤中有效磷含量最高,达到了 22.71 mg·kg⁻¹,不施磷肥处理的速效磷含量最低仅为 10.31 mg·kg⁻¹。优化施肥+秸秆还田(SP)处理的土壤中有效磷的含量也达到了 21.34 mg·kg⁻¹。即使优化施肥量磷减 20%+秸秆还田(SDP)处理和优化施肥量磷减 20%+猪粪有机肥(MDP)处理土壤中有效磷含量也都高于优化施肥(P)处理。20~40 cm 土层,优化施肥+猪粪有机肥(MP)、优化施肥+秸秆还田(SP)、优化施肥量磷减 20%+猪粪有机肥(MDP)处理与优化施肥(P)处理之间有效磷含量达到了显著性差异水平(P<0.05)。40~60 cm 土层,优化施肥量磷减 20%+秸秆还田(SDP)处理与优化施肥+猪粪有机肥(MP)、优化施肥+秸秆还田(SP)和优化施肥(P)处理之间差异显著(P<0.05)。以上结果说明猪粪有机肥和秸秆还田对土壤中磷素有一定的活化作用,促进了磷素在土壤中的迁移,且猪粪有机肥对土壤磷素活化作用更强。

4.3　讨论

我国丘陵山区现有旱坡地 2400 万公顷,占全国耕地总面积的 19.7%。随着旱坡地利用强度加大,农田化肥施用量显著增加,由此引起的水土流失和农业面源污染问题受到了人们的广泛关注。坡面磷素迁移受到诸如土壤性质、气候条件、施肥方式和施肥量、土地利用类型等因素的影响。施肥是影响坡耕地土壤磷素流失的重要因素。本试验主要研究了化学磷肥不同施用量及减量化肥配施不同有机肥对紫色土旱坡地土壤磷素流失的消减效应。本研究结果表明,同等条件下化学磷肥减量可以降低紫色土旱坡地径流以及壤中水流中磷素含量,从而减少磷素的流失。龚蓉等(2013 年)研究了中南丘陵旱地磷肥减量对不同形态磷素养分淋失的影响,结果也表明磷肥减量 10%~30% 后的渗漏水中总磷及可溶性渗漏淋失量均显著减少。胡宏祥等(2015 年)在秸秆还田配施化肥对黄褐土氮磷淋失的影响,Wang(2014 年)在秸秆配施化肥对稻田土壤中氮磷淋失影响的研究中也都得出了相同结论。

作物减量施肥应在综合考虑作物生长发育和需肥规律的前提下,以土壤肥力状况为基础,做到养分供需平衡,从而减少肥料的浪费。本试验常规优化减量施肥配施有机肥施用研究结果表明,优化施肥量磷减 20% +秸秆还田(SDP)和优化施肥量磷减 20% +猪粪有机肥(MDP)处理与常规优化施肥(P)处理相比,对作物产量并未造成显著影响。但从各施肥处理作物对磷的吸收和利用情况来看,小麦季优化施肥量磷减 20% +秸秆还田(SDP)和优化施肥量磷减 20% +猪粪有机肥(MDP)处理分别比常规优化施肥(P)处理磷肥表观利用率高 5.9% 和 4.2%。玉米季有机、无机肥料配施处理磷肥表观利用率也显著高于单施化肥处理($P<0.05$)。李恩尧等(2011 年)在对洞庭湖区红壤旱坡地玉米减磷的研究也发现,磷肥适量减少后玉米产量没有显著降低,肥料利用率却有所增加。

从环境效应方面分析,本研究结果表明,减磷配施猪粪和秸秆有机肥对土壤磷素地表径流损失具有一定的消减效应,因为有机肥处理保护了土壤而减缓了雨水对土壤的冲击洗刷效应。田雁飞(2011 年)、赵庆雷(2009 年)研究发现,水稻减量化肥配施有机肥与常量 NPK 施肥相比,配施有机肥处理由于有机物的循环利用明显提高了土壤磷素活化度,改善了土壤磷素供肥特性,促进了水稻对磷吸收利用,降低了磷素流失风险,且环境效益可观,对研究区域面源污染的控制具有重要的意义。李学平(2008 年)研究表明,秸秆与磷肥配合施用是减少稻田磷素流失的较好措施。虽然有机肥对地表径流磷素流失有一定的控制作用,但是,如果按照农民习惯的全量施用化肥之后再大量施用有机肥的施肥方式,当农田施入大量化肥和有机肥之后,遇到一定强度的降雨,就可能会引起各种形态的磷素迁移入水体,从而加剧水体的富营养化程度,习斌等(2015 年)在研究有机、无机肥料配施对玉米产量及土壤氮磷淋溶的影响中也发现在等氮量条件下,有机肥的施入会给农田土壤带来大量的磷素累积,相对于常规化肥处理增加了磷素淋失的风险。胡宏祥等(2015 年)在研究秸秆还田配施化肥对黄褐土氮磷淋失的影响时也发现,实行秸秆还田会增大土壤中活性磷素淋失,提高了土壤磷素淋失的风险。

本研究结果还表明,猪粪有机肥和秸秆还田对土壤磷素壤中淋溶流失具有一定的促进作用,且猪粪的作用比秸秆作用要大。这是因为猪粪和秸秆与化肥配合施用可以显著地促进 5~0.5 mm 水稳性团聚体的形成和提高土壤团聚体的稳定性,并且能够降低土壤容重和土粒密度,提高土壤的孔隙度,更加有利于土壤中优势流的形成,而且在夏玉米生长初期刚施入基肥,这时候施入土壤中的磷还未被土壤中矿物和无定型氧化物固定,此时可溶性磷肥就随优势流有向下层土壤迁移的风险。

再者,有很多学者认为施用有机肥料提高磷素的活性是有机肥影响了土壤磷的吸附解吸而起作用的。在有机、无机肥料配施模式下,有机肥在分解作用下产生有机酸,有机酸与磷酸根之间竞争吸附,从而会降低土壤矿物仅仅对磷酸根的吸附,同时有机酸根离子与土壤中各种金属离子可以发生络合反应,可以在一定程度上屏蔽掉土壤磷的吸附位点,这样磷素在土壤中的迁移就会变得相对容易。李想等(2013 年)研究了有机、无机肥料配合对土壤磷素吸附、解吸和迁移的影响,发现了有机、无机肥料配施可以减少土壤对磷的固定,促进磷素在土体中迁移。

另外也有研究表明,某些有机物料施入土壤后,土壤磷素可以与其有机质的功能团(如羟基)等发生螯合作用,从而能够降低磷素在土壤溶液中的迁移能力。李同杰等(2006 年)研究磷在棕壤中淋溶迁移特征就发现秸秆与磷肥配合施用可以减少磷素向下层土壤迁移,江永红等(2001 年)研究表明秸秆还田后一般会发生固磷现象。是否因为秸秆施入土壤中同时发生了类似的化学变化过程导致对土壤磷素的活化迁移作用比猪粪作用弱,不同学者在这个问题上的分歧还需要进一步研究探明。根据植物需肥特征和土壤供肥规律,合理地减少化学肥料的施用量,施行有机-无机肥料协同施肥模式既能降低生产成本又能保护环境,从而更好地实现农业的可持续发展,研究土壤磷素行为与有机-无机肥料协同之间的关系具有重要意义。此外,对如何确定有机-无机肥料施用的最佳合理配比,尚需深入研究。可见,肥料减量化且与有机肥合理配合施用是兼顾经济和环境效益的一种较好的生产方式。

另外,紫色土旱坡地土壤结构特点也是造成土壤磷素容易发生壤中水流的重要原因。紫色土是由紫色页岩发育而成的土壤,土壤孔隙大、质地疏松,渗透能力强,土层较浅,是一种侵蚀型高生产力的"岩土二元结构体",致使坡耕地壤中水流发育,容易形成较大流量的壤中水流。本研究表明,紫色土旱坡地壤中水流比地表径流所占比例要大,占总径流的 53% 以上,是紫色土旱坡地雨季径流的主要输出方式。朱波等(2008 年)研究发现,紫色土旱坡地常规施肥下壤中水流流量达到(121.46±5.59) mm,占总径流的 60% 以上。因此,要控制磷素流失首先要控制水土侵蚀,在平衡配施有机肥的同时要注意采取增厚土层,提升土壤有机质等综合治理措施。

4.4　小结

(1)不同施肥处理对冬小麦-夏玉米生长发育和磷肥利用率的影响研究表明,冬小麦季和夏玉米季都以倍量施磷肥(2P)处理作物磷吸收量为最高,但是磷素表观利用率却不高。小麦季优化施肥量磷减 20% +秸秆还田(SDP)和优化施肥量磷减 20% +猪粪有机肥

（MDP）处理分别比常规优化施肥（P）处理磷肥表观利用率高5.9%和4.2%。玉米季有机、无机肥料配施处理磷肥表观利用率也显著高于单施化肥处理（$P<0.05$）。尽管倍量施磷肥（2P）处理可以增加作物对磷素的吸收量，但是经济效益和利用率却大大降低，会导致肥料资源的浪费和环境的污染。有机、无机肥料配施可以显著提高作物对磷肥的吸收利用。紫色土旱坡地冬小麦和夏玉米适当减磷配施有机肥可以在不减产的前提下提高磷肥的利用率。

（2）紫色土旱坡地地表径流和壤中水流受降雨强度影响，雨季典型次降雨中到暴雨平均径流量为 $10.68 \sim 52.32$ mm，泥沙量为 $13.58 \sim 40.20$ kg·km^{-2}。壤中水流占总径流的53%以上，是紫色土旱坡地雨季径流的主要输出方式。壤中水流在磷素迁移中的作用不容忽视。

（3）减磷配施有机肥对紫色土旱坡地地表径流和壤中水流磷素含量影响显著。地表径流中 TP 含量的大小顺序表现为：倍量施磷肥（2P）>优化施肥（P）>优化施肥+猪粪有机肥（MP）>优化施肥+秸秆还田（SP）>优化施肥量磷减20%+猪粪有机肥（MDP）>优化施肥量磷减20%+秸秆还田（SDP）>不施磷肥（P0）。壤中水流中 TP 含量的大小顺序表现为：优化施肥+猪粪有机肥（MP）>倍量施磷肥（2P）>优化施肥+秸秆还田（SP）>优化施肥（P）>优化施肥量磷减20%+猪粪有机肥（MDP）>优化施肥量磷减20%+秸秆还田（SDP）>不施磷肥（P0）。TDP 也表现为相同趋势。紫色土旱坡地磷素地表径流流失的主要形态以颗粒态磷 PP 为主，占 TP 的70%以上；壤中水流磷素流失形态以 DOP 为主。

（4）紫色土旱坡地雨季典型次降雨磷素平均流失负荷为 $0.01 \sim 0.47$ kg·hm^{-2}。地表径流磷素流失占总磷素流失负荷的90%以上，是紫色土旱坡地雨季磷素流失的主要途径。减磷配施猪粪和秸秆有机肥对土壤磷素地表径流损失具有显著的消减效应，但对壤中流磷素淋失有一定的促进作用。有机-无机肥料协同施肥对壤中水流磷素流失的控制作用及机制有待进一步深入研究。

第5章

稻-油水旱轮作紫色土无机磷动态变化及其迁移特征

水体富营养化已成为目前全世界范围内水污染的治理难题,也是全球最重要的环境问题之一。《第一次全国污染源普查公报》显示,农业面源污染总磷排放量达到了28.47万吨,占总污染物排放量的67.4%。因此,农田生态系统中磷流失已经成为水体富营养化的重要来源,农业面源污染已经成为农业现代化发展中亟待解决的问题。农田土壤中过量的磷素可以通过地表径流、侵蚀和淋溶的方式进入地表水体和地下水体,从而造成农业面源污染,进而给环境带来一系列问题。

长江中上游流域水体富营养化问题日益突出,与其农业面源污染有着密切关系。稻-油(麦)水旱轮作制度是该区域非常典型的种植模式,肥料的不恰当施用和稻田施肥初期排水都会给被排入的水体造成严重影响。近年来,保护性耕作作为改善农业生态环境的优化耕作模式已经成为农业发展的趋势。作物秸秆是一种重要的可再生有机资源,其作为潜在的生物质能源是农业生态循环系统中的重要物质基础,对维持循环系统的平衡具有重要作用。秸秆还田作为一项重要的农业保护性耕作方式,在提高土壤肥力、保护农业资源环境方面具有良好的经济生态效益,已成为国内外学者研究热点。此外,随着畜禽养殖的快速发展和集约化水平迅速提高,畜禽粪便排泄物作为农业面源污染的重要组成部分受到越来越多人的关注。在作为面源污染物的同时由于含有丰富的氮磷钾,畜禽粪便作为有机肥料回田是其资源化利用的较好途径。因此,深入研究基于秸秆、畜禽粪便等生物有机肥资源化利用的稻-油水旱轮作体系农田土壤磷素迁移特征,对建立良性农业生态循环系统具有重要的理论和现实生产实践意义。

近些年来,部分研究学者在秸秆还田和猪粪有机肥对作物生长和土壤性质的影响方面做了相关研究。虽然秸秆还田对地表径流磷流失影响已有研究,可是关于秸秆配施化学磷肥对农田土壤磷淋溶影响方面的研究相对较少,并且大家已有的研究结果对秸秆还田和猪粪有机肥可以降低土壤氮淋失好像有一致意见,可是在是否能降低土壤磷素淋失上却产生了分歧。此外,磷肥减量配施不同有机肥对水旱轮作原位稻田土壤磷素渗漏淋失以及对水稻和油菜作物产量的影响还未被深入研究。基于此,本研究采用渗漏池长期定位监测试验,选择长江三峡库区常见的紫色土为研究对象,从土-水-植体系出发,通过定性和定量跟踪分析秸秆和猪粪有机肥等不同施肥处理条件下稻-油轮作系统农田土壤磷素的迁移特征,对不同施磷水平以及磷肥减量配施不同有机肥条件下水旱轮作稻季土壤磷素淋溶规律进行了原位定点研究,发现了秸秆还田和猪粪有机肥配施化肥条件下紫色土渗漏水中磷素淋溶规律,分析了磷素淋失特征,探讨了不同有机肥对土壤磷素淋失的影响,对控制稻田磷素流失产生的地下水的污染,制订施磷消减优化方案和评价秸秆还田、猪粪有机肥的生态效应具有重要的实践意义,也为控制农田面源污染和农业生产省本增效提供科学依据。

5.1 材料与方法

5.1.1 试验地点与材料

试验地点设在国家紫色土土壤肥力与肥料效益长期监测基地(以下称长期定位点),长期定位点位于重庆市北碚区西南大学试验农场,地处东经106°26′、北纬30°26′,属紫色丘陵区,方山浅丘坳谷地形,海拔266.3 m,年均气温18.4 ℃,年日照1276.7 h,全年降水1105.5 mm,为亚热带季风气候。试验土壤为侏罗纪沙溪庙组紫色泥页岩发育形成的紫色土,中性紫色土亚类,灰棕紫泥土属。长江三峡流域多分布此类土壤,因此,用作供试土壤具有广泛的代表性。试验田种植方式为水稻-油菜轮作,本试验为定位试验,试验从2010年10月开始,为油菜(2010/2011)-水稻(2011)-……-油菜(2014/2015)-水稻(2015)轮作体系。本部分主要讨论2014年和2015年的水稻和油菜试验研究结果。供试土壤基本理化性质见表5-1。

表5-1 供试土壤基本理化性质

pH	有机质/ $(g \cdot kg^{-1})$	全氮/ $(g \cdot kg^{-1})$	全磷/ $(g \cdot kg^{-1})$	全钾/ $(g \cdot kg^{-1})$	碱解氮/ $(mg \cdot kg^{-1})$	有效磷/ $(mg \cdot kg^{-1})$	速效钾/ $(mg \cdot kg^{-1})$
6.34	14.8	1.4	0.729	14.9	60.3	36.2	217

5.1.2　试验设计

试验设 6 个处理,3 次重复,分别为不施磷肥(P0)、优化施肥(P)、优化施肥+秸秆还田(SP)、优化施肥+猪粪有机肥(MP)、优化施肥量磷减 20%+秸秆还田(SDP)、优化施肥量磷减 20%+猪粪有机肥(MDP)。其中,M 代表猪粪有机肥(猪粪经过一周左右腐熟),其中的大量营养元素全氮、磷、钾的含量分别为 1.34%、1.3%、0.8%,施用量为每年 22500 kg·hm^{-2};S 代表稻草秸秆翻压还田,其中的营养元素含量折合成 N、P_2O_5、K_2O 分别为 0.49%、0.18%、0.75%,施用量为每年 7500 kg·hm^{-2}。水稻品种为汕优 63 号,油菜品种为渝油 1 号。水稻优化施肥量按每公顷施纯 N、P_2O_5、K_2O 分别为 150 kg、60 kg、75 kg 进行。油菜优化施肥按每公顷施纯 N、P_2O_5、K_2O 分别为 195 kg、60 kg、75 kg 进行。水稻和油菜施用肥料种类一致:氮肥用尿素(含 N 46%),磷肥用过磷酸钙(含 P_2O_5 12%),钾肥用硫酸钾(含 K_2O 50%)。水稻磷、钾肥作为基肥一次性施用,氮肥基肥和追肥各占 50%。油菜磷肥作为基肥一次性施入,氮、钾肥在基肥中施入 60%,剩余的 40% 氮、钾肥作为追肥施入。有机肥作为底肥与土壤混合均匀施用。

渗漏池小区面积 2 m×1 m,深 1.5 m,砖混结构,渗漏池池底采用 C20 钢筋混凝土现浇(掺防水剂);渗漏池墙体采用 M7.5 浆砌砖砌筑;墙体表面采用 2 cm 厚 1∶2.5 防水砂浆抹面。小区修筑完成后按原装土层回填(至今已进行了 5 季的稻-油水旱轮作种植),在距地面 40 cm、60 cm、100 cm 深处平铺 3 cm 厚粗砂砾,用 0.15 mm 尼龙网覆盖并安装陶土管和排水塑料管,每个小区之间都用 12 cm 浆砌砖墙(墙面采用 2 cm 厚 1∶2.5 防水砂浆抹面)隔开,使其互不渗漏,并能够进行独立的排灌。塑料管与池外的排水收集瓶相连,以收集淋溶渗漏液。田间随机区组排列。

5.1.3　田间管理

本试验除定量灌水、按规格栽插、定期收集田面水和渗漏水外,各小区的其他田间管理均按当地水稻、油菜常规管理措施进行。

5.1.3.1　水稻季田间管理

2014 年 5 月 7 日施用基肥,5 月 15 日进行水稻移栽,8 月 26 日水稻收获。磷钾肥作为基肥一次性施用,氮肥基肥和追肥(蘖、穗肥)各占 50%。水稻整个生长期除了成熟期排水烤田外始终调节保持 5 cm 左右的田面水。分别于 6 月份、7 月份进行两次稻田稻纵卷叶螟、稻飞虱、纹枯病、水稻螟虫等水稻常见病虫害的防治。

5.1.3.2 油菜季田间管理

2014 年 10 月 1 日进行油菜播种育苗,2014 年 11 月 10 日移栽,2015 年 4 月 25 日收获。油菜整个生育期除移栽时候浇灌足量定根水之外,其余时间均未进行浇水灌溉,基肥于油菜苗移栽 3 天前施用(全部的磷肥和 60% 的氮钾肥),剩余的 40% 氮肥作为追肥于抽薹初期和初花期分别施用 20%,剩余的 40% 钾肥在抽薹期一次追施。在 2015 年 3 月进行 2 次菌核病统防统治。

5.1.4 小区监测

5.1.4.1 水稻季

(1)田面水的采集。施入基肥后第一周每天取一次田面水,之后每间隔 3、4、7 天各取 1 次田面水,从 2014 年 5 月 28 日开始每 10 天取一次田面水。取田面水时,在小心不扰动水下土层的情况下,用 100 mL 医用注射器采用"S"型抽取各处理小区 5 处田面水混合作为一个水样,注入 200 mL 小塑料瓶中。

(2)淋溶水的采集。分别在水稻施用基肥后第 7、14、21、28、35、45、55、65、75 和 85 天各测量并取一次 40 cm、60 cm、100 cm 土壤剖面的渗漏淋溶水样。每次通过渗漏装置取淋溶水后收集于 200 mL 小烧杯中(因为淋溶水含磷量较少,不用塑料瓶,磷酸盐易吸附于塑料瓶壁上),水样一般取后当日分析,不能及时测定的要及时加 1 mL 密度为 1.84 g·mL^{-1} 硫酸,调节样品的 pH,使之低于或等于 1,并冰冻保存,24 h 内测定完毕,测定指标为总磷 TP、总可溶性磷 TDP、可反应性无机磷 MRP。同时,水稻生育期内降雨和灌溉的水样也采集,测试指标同田面水和淋溶水样。水稻收获后分别用土钻采集各处理小区 40 cm、60 cm、100 cm 剖面土壤样品。测定其全磷及有效磷含量。

5.1.4.2 油菜季

在油菜不同生育时期分别采集其 0~20 cm、20~40 cm、40~60 cm、60~80 cm 土层土壤样品。测定其土壤中全磷、有效磷等指标。

实时监测水稻、油菜两种作物各个生育期生长状况和一些常见的病虫害的防治情况,分别于水稻拔节期测定其倒 3 叶(最上的三片叶,因为这几片叶光合作用的产物要供应水稻籽粒,对水稻产量影响很大,在生产上特别受关注。另外,这三片叶的大小和形状对水稻的最大叶面积指数起决定作用,因此在水稻育种上对这三片叶也十分关注),并在水稻抽穗期、抽穗后 15 天左右的灌浆中期、抽穗后 30 天左右的灌浆后期、成熟期分别于每处理小区取 30 个水稻叶片测定其剑叶(离稻穗最近的一片叶,是水稻叶片生长时间最长、光合作用最强且输送养分最多的一个叶片,其能否良好地生长对水稻能否高产稳产具有极其重要的作用)的 SPAD 值,取其平均值。收获时采取多点混合采集植物样、各小区单打单收称计实产的方法。对所采集的植物样进行烘干粉碎,用于植株全磷测定,在采集植物样品的同时分层采集 0～20 cm、20～40 cm、40～60 cm、60～80 cm 土层土壤样品。

5.1.5　监测及样品分析方法

水样总磷 TP 先采用 $H_2SO_4-HClO_4$ 消解,再采用钼锑抗比色法;总可溶性磷 TDP 先采用真空泵 0.45 μm 滤膜过滤,再采用 $H_2SO_4-HClO_4$ 消解,最后采用钼锑抗比色法;可反应性无机磷 MRP 先采用直接真空泵 0.45 μm 滤膜过滤,然后采用钼锑抗比色法;颗粒态磷 PP＝TP－TDP;可溶性有机磷 DOP＝TDP－MRP。

稻田磷素渗漏淋失量 P 累积量(kg·hm^{-2})计算公式为 $P_i = \dfrac{C_{ij}V_{ij}}{100S}$,水稻生长季累积淋失量计算公式为 $P_i = \dfrac{\sum\limits_{i=1}^{11} C_{ij}V_{ij}}{100S}$。其中,$P_i$ 为第 i 种施肥处理某形态磷累积淋溶流失量,单位是 kg·hm^{-2};C_{ij} 为第 i 种施肥处理第 j 次淋溶渗漏水某形态磷浓度,单位是 mg·L^{-1};V_{ij} 为第 i 种施肥处理第 j 次淋溶渗漏水某形态磷溶液体积,单位是 mL;S 是淋溶试验小区横截面积,单位是 m^2。

土壤基本理化性质按常规方法测定:土壤 pH 采用电位法;土壤全磷采用碱熔-钼锑抗比色法;土壤有效磷采用 0.5 mol·L^{-1} NaHCO$_3$ 浸提-钼锑抗比色法;土壤全氮采用凯氏定氮法;土壤碱解氮采用扩散法;土壤全钾、速效钾采用火焰光度计法;土壤有机质采用重铬酸钾容量法。

植物叶片 SPAD 值采用 Chlorophyll Meter Model SPAD-502 仪测定;植物样全磷含量采用硫酸-双氧水消化-钒钼黄比色法测定。

作物养分吸收量＝籽粒产量×籽粒养分含量+秸秆产量×秸秆养分含量。

磷肥利用率＝(施肥区磷素吸收量-不施磷区吸收量)/施磷量×100%

5.1.6　数据处理与统计分析方法

数据处理采用 SPSS 19.0 软件进行统计分析,作图采用 Microsoft Excel 2007、Sigma

Plot 12.0 软件处理,采用 LSD 法对各试验处理数据进行方差分析和显著性检验,显著性水平为 0.05。

5.2 结果与分析

5.2.1 不同施肥处理对水稻和油菜生长和磷肥利用率的影响

5.2.1.1 不同施肥处理对水稻 SPAD 的影响

从表 5-2 看出,水稻生育期内均以不施磷肥(P0)处理的 SPAD 值为最低,除抽穗期不施磷肥(P0)处理和优化施肥(P)处理无显著性差异外,其他处理均达到了显著差异($P<0.05$)。优化施肥+秸秆还田(SP)、优化施肥+猪粪有机肥(MP)、优化施肥量磷减20%+秸秆还田(SDP)、优化施肥量磷减 20%+猪粪有机肥(MDP)处理在水稻各生育期SPAD 值都以优化施肥+猪粪有机肥(MP)处理为最高,但优化施肥+猪粪有机肥(MP)与优化施肥+秸秆还田(SP)、优化施肥量磷减 20%+秸秆还田(SDP)、优化施肥量磷减20%+猪粪有机肥(MDP)处理之间差异均不显著。优化施肥+猪粪有机肥(MP)、优化施肥+秸秆还田(SP)、优化施肥量磷减 20%+秸秆还田(SDP)、优化施肥量磷减20%+猪粪有机肥(MDP)处理之间剑叶 SPAD 值在水稻抽穗以后仍然保持较高水平,说明磷肥减量同样能保持水稻剑叶后期 SPAD 值处于较高水平,也可以看出水稻剑叶 SPAD 值对施磷水平不敏感。

表5-2 不同磷处理水稻各生育期叶片 SPAD 值

处理	拔节期	抽穗期	灌浆中期	灌浆后期	成熟期
P0	45.21±0.56b	46.01±0.83b	40.40±0.56b	23.67±1.33b	17.04±0.46b
SDP	47.67±0.98a	47.19±0.51a	43.24±0.67a	29.54±0.31a	20.18±0.81a
MDP	48.11±1.02a	47.87±0.74a	43.08±0.47a	29.87±0.68a	20.17±0.44a
P	47.83±0.61a	46.63±0.29ab	43.13±0.59a	29.16±1.21a	20.34±0.61a
SP	47.42±0.96a	47.00±0.46a	43.52±0.33a	30.02±0.42a	20.76±0.39a
MP	48.44±0.51a	48.21±0.45a	43.97±0.86a	31.55±1.29a	21.44±0.76a

5.2.1.2 优化及减磷配施有机肥对水稻地上部分各器官生物量以及磷肥利用率的影响

从试验结果(表5-3)可以看出,各处理水稻稻谷产量在7174～8715 kg·hm^{-2}之间,各处理与不施磷肥(P0)处理之间存在显著性差异,而优化施肥量磷减20%+秸秆还田(SDP)处理的稻谷产量较低,但是与其他处理之间差异不显著。各施肥处理稻谷产量的大小顺序表现为:优化施肥+猪粪有机肥(MP)>优化施肥量磷减20%+猪粪有机肥(MDP)>优化施肥+秸秆还田(SP)>优化施肥(P)>优化施肥量磷减20%+秸秆还田(SDP)>不施磷肥(P0)。本试验研究中,优化施肥+猪粪有机肥(MP)稻谷产量最高,达到8715 kg·hm^{-2},相对于常规优化施肥高出了3%。

从表5-3还可以看出,本研究不同施肥处理试验中磷肥利用率在20%～25%之间,比已有研究报道的磷肥利用率10%～20%略高。各处理以减磷配施猪粪、秸秆有机肥的磷肥利用率最高,这与施肥量和有机肥料通过影响土壤磷的吸附解吸进而提高磷素的活性有关。水稻对磷肥的利用率总体表现为:优化施肥量磷减20%+猪粪有机肥(MDP)>优化施肥量磷减20%+秸秆还田(SDP)>优化施肥+猪粪有机肥(MP)>优化施肥+秸秆还田(SP)≈优化施肥(P)。

表5-3 水稻地上部分生物量及磷肥利用率

处理	糙米/(kg·hm^{-2})	稻壳/(kg·hm^{-2})	稻谷/(kg·hm^{-2})	秸秆/(kg·hm^{-2})	磷肥利用率/%
P0	5857±61b	1317±5a	7174±43b	6846±43a	—
SDP	7084±44a	1327±4a	8411±54a	7003±31a	23
MDP	7321±46a	1351±6a	8672±78a	6978±23a	25
P	7155±37a	1345±3a	8500±75a	6811±34a	20
SP	7301±66a	1336±5a	8637±68a	7020±41a	20
MP	7349±25a	1366±6a	8715±38a	7055±55a	21

5.2.1.3 优化及减磷配施有机肥对油菜地上部分各器官生物量以及磷肥利用率的影响

如表5-4所示,各处理小区油菜籽粒实产在1356～2135 kg·hm^{-2}之间。通过方差分析可以得出,各处理与不施磷肥(P0)处理之间存在显著性差异,而优化施肥量磷减20%+秸秆还田(SDP)处理的油菜产量超过了优化施肥(P),从整个轮作系统看,前茬减磷配施秸秆有机肥处理水稻产量较低,而后续油菜生物量保持了与单施化肥处理相当甚至略高的产量水平,可能是由于有机肥养分释放缓慢且肥效长的特点导致的。总的来看,优化施肥(P)处理油菜产量较其他有机、无机肥料配施的处理要低,但是各处理之间差异不显著。各施肥处理稻谷产量表现为:优化施肥+猪粪有机肥(MP)>优化施肥量磷减20%+猪粪有机肥(MDP)>优化施肥+秸秆还田(SP)>优化施肥量磷减20%+秸秆还田(SDP)>优化施肥(P)>不施磷肥(P0)。本试验研究中,优化施肥+猪粪有机肥(MP)处理稻谷产量最高(2135 kg·hm^{-2}),相对于常规优化施肥处理高出了5.7%。有机肥中含有丰富有机质,无机肥料配合有机肥料施用可以起到增加土壤有机质、改良土壤的作用。有机、无机肥料配施能明显提高油菜、水稻等农作物的产量,且随着有机肥施用年限的延长,土壤肥力不断提高,效果更加明显。

表5-4 油菜地上部分生物量及磷肥利用率

处理	籽粒/(kg·hm^{-2})	荚壳/(kg·hm^{-2})	茎秆/(kg·hm^{-2})	磷肥利用率/%
P0	1356±13b	1131±3b	1655±11b	—
SDP	1990±21a	1913±7a	2135±5a	29
MDP	2012±14a	1897±10a	2234±7a	26
P	1900±16a	1766±9a	2346±24a	17
SP	2067±8a	1875±5a	2324±16a	21
MP	2135±17a	1976±7a	2297±15a	23

从表5-4还可以看出,本研究不同施肥处理试验中磷肥利用率在17%～29%之间。70%左右的磷肥没有被作物吸收利用,或者残留在土壤中或者通过其他途径流失,既造成了资源的浪费又增加了农田环境面源污染。各处理以减磷配施猪粪、秸秆有机肥的磷肥利用率为最高,这与施肥量和有机肥料通过影响土壤磷的吸附解吸进而提高磷素的活性有关。油菜对磷肥的利用率总体表现为:优化施肥量磷减20%+秸秆还田(SDP)>优化施肥量磷减20%+猪粪有机肥(MDP)>优化施肥+猪粪有机肥(MP)>优化施肥+秸秆还田(SP)>优化施肥(P)。

以上研究结果表明,在常规作物施肥基础上适当减少化学磷肥施用量,并配合施用有机肥,对作物产量并没有显著的减产效应,而且能在一定程度上减少农田磷素损失、提高磷素利用率。

5.2.2　稻–油水旱轮作紫色土农田磷素动态变化特征

5.2.2.1　水稻季稻田土壤磷素动态变化

（1）不同施肥处理稻田田面水各形态磷动态变化。不同施肥处理稻季田面水 TP 含量动态变化如图 5-1 所示。从图 5-1 中可以看出，各处理田面水 TP 含量变化趋势基本一致，基肥施入后一周内，水稻田面水总磷含量最高。不同施肥处理水稻田面水总磷含量大致表现为：在基肥施入水田后的 2 天内各处理 TP 含量达到最高峰，之后迅速降低。前一周各处理田面水 TP 含量在 2.34～0.11 mg·L^{-1} 之间波动；之后田面水磷含量呈现缓慢下降最后趋于平稳接近空白的趋势；在缓慢下降阶段，出现了磷含量的波动。

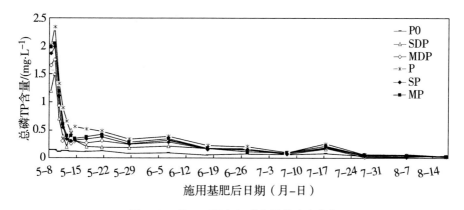

图 5-1　稻田田面水总磷含量的动态变化

出现以上现象的原因是首先施进水田中的水溶性磷肥在前两天还未被土壤所吸附固定，大部分还留在田面水中，这就使得施用了过磷酸钙后的第二天各处理田面水磷素含量达到最高峰，之后随着磷养分的释放、土壤对磷素的吸附固定、水稻对磷的吸收以及磷素的淋溶下渗等途径，使得水稻田面水磷含量开始逐步降低。在 7 月 17 日取样测定田面水含量时发现各处理磷含量有一个小的波峰（不施磷肥 P0 除外）。出现波峰的原因可能是因为当时温度高，田面水分蒸发较快，磷素被土壤颗粒态物质吸附富集在地表层，出现了磷素"浓缩富集"，然后随着降雨或者灌水被扰动使得附着在水田表面的磷素又重新溶解到田面水中，从而使此时磷素出现一个小波峰现象。从图 5-1 还可以看出，在水稻生长前一个月内，田面水总磷含量随着施磷水平的增加而增加，优化施肥（P）比不施磷肥（P0）处理总磷含量高 4 倍左右。处理优化施肥+猪粪有机肥（MP）、优化施肥+秸秆还田（SP）低于优化施肥（P）处理，且优化施肥+秸秆还田（SP）处理低于优化施肥+猪粪有机肥（MP）处理，说明配施有机肥稻田土壤可以提高对磷的固定，降低前期磷向水体中释放，且配施秸秆比配施猪粪有机肥对减少土壤磷素流失效果更好。这可能是因为秸秆在腐解时，纤维和半纤维含量降低，难降解的木质素相对含量增加，导致秸秆呈现出疏松多孔结构，易于吸附土壤和秸秆所释放的磷素。各处理磷含量大小表现为：优化施肥（P）＞优化施肥+猪粪有机肥（MP）＞优化施肥+秸秆还田（SP）＞优化施肥量磷减20%+猪粪有机肥（MDP）＞优化施肥量磷减20%+秸秆还田（SDP）＞不施磷肥（P0）。一个月后不同施肥处理田面水总磷含量基本一致，80天后各处理总磷含量接近不施磷肥（P0）处理。

通过稻田田面水总磷含量的动态变化可以看出，磷肥施用后的7～10天是控制稻田磷素流失的关键时期，在此时期内任何降雨径流或者人为扰动以及农田排水都可能使得大量的磷素流失进入水环境之中，从而增加对水体污染的风险。因此，在此期间稻田田间水分的控制对磷素流失至关重要，应该尽量避免排水和中耕等田间操作，同时要避开暴雨期施磷肥，或者在减少磷肥施用基础上配合有机肥施用，这些都可以显著减少稻田磷素流失。

（2）稻田田面水各形态磷组分变化特征。稻田田面水总可溶性磷与总磷相对动态变化特征见表5-5。

表5-5　不同施肥处理稻田田面水总可溶性磷动态变化特征　　　　　单位:%

处理	5月8日	5月9日	5月10日	5月11日	5月12日	5月13日	5月14日	5月17日	5月21日	5月28日	6月7日	6月17日	6月27日	7月7日	7月17日	7月27日	8月7日
P0	10.55	20.44	46.35	28.34	29.69	12.34	36.55	21.34	36.52	64.21	52.34	46.54	60.11	40.21	21.33	59.32	81.25
SDP	39.89	44.21	86.55	53.33	50.42	57.67	46.65	37.88	31.24	63.44	68.56	45.88	61.33	49.85	27.56	56.44	78.65
MDP	28.44	47.84	84.32	50.69	50.87	58.66	49.32	40.67	39.09	79.56	69.88	59.87	58.77	50.34	26.31	67.98	70.44
P	42.34	53.55	70.43	51.45	29.32	23.34	34.56	20.88	40.45	64.33	67.34	58.21	44.15	56.24	15.34	69.11	60.34
SP	35.34	48.90	89.44	58.75	48.56	51.24	50.11	49.88	41.49	59.23	58.99	51.32	50.33	51.22	26.22	65.22	80.57
MP	36.77	37.90	77.57	55.44	49.22	56.77	52.45	50.01	40.54	79.56	60.22	57.31	51.44	59.09	28.39	76.35	79.39

从表5-5可以看出，稻田田面水总磷含量中以总可溶性磷为主，总可溶性磷所占总磷的比例为各处理田面水总可溶性磷在施肥后第3天达到最大。出现这种现象的原因是，磷肥全部作为基肥施肥后初期可溶性磷肥溶解水中，此时还未被土壤固定和水稻吸收。随后几日田面水总可溶性磷含量维持较低水平，这是因为小雨落入水田产生击溅作用。此时田面水中磷主要以颗粒态表现出来，总可溶性磷含量随之下降。之后的几次灌水和降雨均出现相同现象。值得注意的是，在水稻分蘖期追施氮肥之后田面水总可溶性磷含量出现一个明显的上升，其可能原因是氮肥施用在一定程度上会影响磷素变化，具

体原因有待进一步研究。

（3）稻田田面水磷素动态变化模型表征。对磷肥施用后 10 天内各施肥处理田面水 TP 含量随时间变化趋势进行拟合，发现其最优方程为 $Y = C_0 \times e^{-kt}$（表5-6），拟合结果达到了显著水平（$P<0.05$）。

表5-6　各处理田面水 TP 动态变化模型表征

处理	拟合方程	R^2	P
P0	—	—	—
SDP	$Y = 2.10 \times e^{-0.477t}$	0.965	0.003
MDP	$Y = 2.09 \times e^{-0.438t}$	0.954	0.004
P	$Y = 3.28 \times e^{-0.490t}$	0.952	0.004
SP	$Y = 2.43 \times e^{-0.456t}$	0.961	0.005
MP	$Y = 3.01 \times e^{-0.354t}$	0.912	0.008

从拟合方程可以看出：①田面水 TP 含量在诸多因素的共同作用下随时间呈指数递减趋势。②从各处理反应常数 C_0 看，有机、无机肥料配施处理要明显小于单施化肥处理，这说明有机肥配施可以有效降低田面水 TP 的初始反应浓度，其中优化施肥量磷减20%+秸秆还田（SDP）处理和优化施肥量磷减 20%+猪粪有机肥（MDP）处理的反应常数都较低，这说明减量化学磷肥配施有机肥对控制稻田田面水磷素对水体的污染更加有效。③从衰减速率 k 值可以看出，各处理衰减速率无明显规律，这说明有机肥不是 k 值决定因子。是否有其他因素在决定衰减速率方面起更为主导的作用还有待做进一步深入研究。

（4）水稻生长期内不同处理土壤剖面淋溶水中各形态磷素动态变化（图5-2）。从图5-2 可以看出，水稻生长期内，在 0~40 cm 和 40~60 cm 土层无论是单施用化肥还是有机、无机肥料配施处理的土壤淋溶水中 TP 浓度变化趋势大体一致，都是前一周浓度含量最高，其中 0~40 cm、40~60 cm 土层淋溶水中 TP 平均含量分别达到了 0.363 mg·L⁻¹、0.306 mg·L⁻¹，均大幅度超过了水体富营养化的临界浓度 0.02 mg·L⁻¹。其可能原因是：本试验田是稻-油水旱轮作土壤，油菜收获之后土壤较为干燥，并且土壤中有很多裂缝、动物洞穴和植物腐烂的根茎孔隙，在水田灌水施肥之后，大量可溶态磷素就顺着这些通道（优先流）快速到达土壤下部，从而导致前一周内各处理土壤淋溶水中总磷浓度很高。之后就整体出现波动下降的趋势，这是因为一方面磷素进入土壤会被其中的矿物和无定型氧化物吸附固定，另一方面水稻生长发育过程中吸收了部分磷素，两者导致土壤淋溶水中磷素浓度的降低。其中,前 55 天土壤淋溶水中 TP 浓度波动幅度最大,0 ~ 40 cm、40 ~ 60 cm 土层各处理土壤淋溶水中 TP 平均浓度分别在 0.024 ~ 0.504 mg·L^{-1}、0.016 ~ 0.473 mg·L^{-1} 之间波动,不施磷肥(P0)处理波动幅度和下降幅度都是最小的。值得注意的是,60 ~ 100 cm 土层渗漏水中 TP 浓度变化很小。10 次取样检测数据显示,各处理土壤,淋溶水中 TP 浓度总体呈现波动下降的态势,说明磷素在土壤剖面中的移动迁移能力弱。但在施肥初期 40 ~ 60 cm 土层与 0 ~ 40 cm 土层的渗漏水中 TP 浓度几乎相当,说明此时土壤中磷素还是有明显的向下迁移趋势。

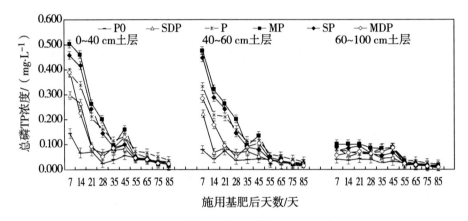

图 5-2   不同施肥处理渗漏水总磷 TP 含量动态变化

土壤淋溶水中 TP 含量受到磷肥施用及有机肥的影响。同等条件下,猪粪有机肥处理和秸秆处理的土壤渗漏水中 TP 浓度都要高于不施猪粪和秸秆处理,化肥施用量大的土壤渗漏水中 TP 浓度也高于化肥施用量小的土壤渗漏水。6 个处理土壤淋溶水中 TP 含量大小表现为:优化施肥+猪粪有机肥(MP)>优化施肥+秸秆还田(SP)>优化施肥(P)>优化施肥量磷减 20%+猪粪有机肥(MDP)>优化施肥量磷减 20%+秸秆还田(SDP)>不施磷肥(P0)。土壤渗漏水中 TP 含量结果总体可以说明,化学无机磷肥用量的增大和施用猪粪与秸秆都会提高土壤磷素的淋失风险,其中施用猪粪有机肥的风险要高于秸秆还田。

由图 5-3 可知,磷肥施用和有机肥配施对土壤淋溶水中 TDP 含量影响也比较明显。整体上,各处理 0 ~ 100 cm 土层淋溶水中 TDP 含量与 TP 含量的动态变化趋势较为一致,都是随着基肥施入天数的增加淋溶水中 TDP、TP 含量呈降低趋势,同样条件下,随着化学磷肥的施用增加和有机肥的施入,土壤淋溶水中 TDP 含量都比较高。唯一不同的是,40 ~ 60 cm 土层淋溶水中 TDP 含量在 45 天之前大于 0 ~ 40 cm 土层,其中施入基肥第 7 天时优化施肥+猪粪有机肥(MP)和优化施肥+秸秆还田(SP)处理 40 ~ 60 cm 土层中淋溶水 TDP 浓度比 0 ~ 40 cm 土层分别高出 0.114 mg·L^{-1} 和 0.146 mg·L^{-1},这可能就是之前所说的水旱轮作土壤中磷素淋溶损失优先流(或大孔隙流)作用的结果。以上试验结果同样说明,化学磷肥的施用量增加会提高土壤中磷素的活性,增施有机肥对土壤磷素淋失贡献最大。土壤磷素淋溶也是导致地下水污染的重要途径。

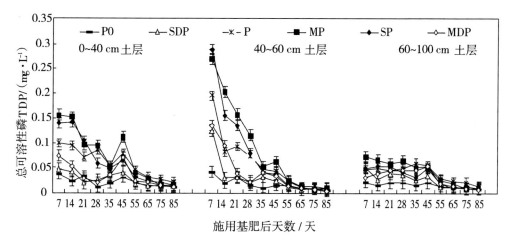

图 5-3　不同施肥处理渗漏水总可溶性磷 TDP 含量动态变化

如图 5-4 所示,淋溶水中 MRP 含量变化与 TP、TDP 动态变化不尽一致。在基肥施入后的 14 天里,优化施肥+猪粪有机肥(MP)和优化施肥+秸秆还田(SP)处理的 0 ~ 100 cm 渗漏水中可反应性无机磷 MRP 含量是增加的,之后随着时间的增加逐步降低。相同条件下,各处理整体 MRP 含量大小表现为:优化施肥+猪粪有机肥(MP)>优化施肥+秸秆还田(SP)>优化施肥(P)>优化施肥量磷减 20% +猪粪有机肥(MDP)>优化施肥量磷减 20% +秸秆还田(SDP)>不施磷肥(P0)。其中不施磷肥(P0)处理土壤各个剖面淋溶水中 MRP 含量都很低,且几乎无波动。

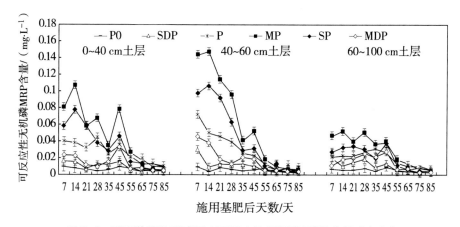

图 5-4　不同施肥处理渗漏水可反应性无机磷 MRP 含量动态变化

　　由图 5-2～图 5-4 都可以明显地看出,60 cm 以下土层各施肥处理淋溶水中 TP、TDP、MRP 的含量都波动不大,虽然土壤中有优先流的存在,但是一般认为优先流可以影响的最低深度在地表下 60 cm 左右。因此,60～100 cm 土层淋溶水中磷素含量受优先流影响较小,加之磷素在土壤中容易被吸附固定而不易迁移,从而导致磷素的含量较低且波动不大。

　　(5)水稻生长期内不同处理土壤总磷淋失量。水稻在生长期各处理 3 个层次土壤总磷 TP 淋失量如图 5-5 所示。各处理各土层总磷 TP 淋失量范围为 0.068～0.224 kg·hm^{-2}。三个层次土壤总磷淋失负荷在 0.295～0.493 kg·hm^{-2}之间。不施磷肥(P0)处理三个层次土壤总磷淋失量最小,为 0.295 kg·hm^{-2},比优化施肥(P)处理总磷淋失量降低 39%。优化施肥量磷减 20% +猪粪有机肥(MDP)和优化施肥量磷减 20% +秸秆还田(SDP)处理三个层次土壤总磷淋失量比优化施肥+猪粪有机肥(MP)和优化施肥+秸秆还田(SP)处理分别降低 21.7% 和 19.6%。土壤剖面总磷淋失量的变化趋势是:随着土层深度的增加,淋失量有所减小,60～100 cm 土层与 0～40 cm 土层相比,优化施肥+猪粪有机肥(MP)处理和优化施肥+秸秆还田(SP)处理分别减小了 59.8% 和 58.2%,不施磷肥(P0)处理减小了 40%。0～40 cm 土层各施肥处理之间总磷淋失量差异不显著,与不施磷肥处理总磷淋失量之间差异显著。40～60 cm 土层有机、无机肥料配施处理与其他处理之间总磷淋失量差异显著,有机肥处理之间差异不显著。60～100 cm 土层各处理间总磷淋失量差异均不显著。

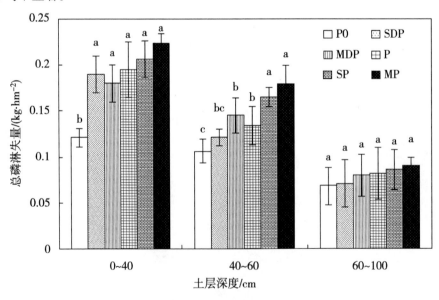

图 5-5　水稻生长期内不同层次土壤总磷淋失量

（6）水稻生长期内不同处理 0～40 cm 土壤淋溶水中各形态磷的比例。表 5-7～表 5-10 分别列出了不同处理 0～40 cm 层次土壤淋溶水中不同形态磷含量占总磷含量的比例,从中可以看出,各处理淋溶水中各形态磷的比例变化幅度较大,不同处理之间的变化也比较明显。从表 5-7 中可以看出,TDP 在 TP 中所占比例最大,达到了淋溶水总磷量的 27.2%～86.3%,有一定的变化幅度,平均为 54%,说明磷素淋失的形态以可溶性磷为主。在可溶性磷中,又以可溶性有机磷(DOP)为主,DOP 占 TP 的比例为 10.6%～38.1%,平均为 24%;可反应性无机磷 MRP 占 TP 的比例为 5.4%～48.3%,变化幅度比较大,平均为 21%。

表 5-7　不同处理淋溶水中 TDP/TP 值　　　　　单位:%

处理	7 天	14 天	21 天	28 天	35 天	45 天	55 天	65 天	75 天	85 天
P0	27.1	36.2	47.6	46.3	51.5	56.3	66.1	53.3	50	54.9
SDP	27.2	36.8	43.2	39.5	49.2	50.1	69.3	78	66.4	63
MDP	30.3	33.5	40.7	40.6	51.1	54.3	80.2	72.5	69.3	83.2
P	30.4	30.4	50	54.3	57	58.6	61.1	64	63.2	86.3
SP	31.3	34	43.5	40.2	55.4	77.5	76.5	69.1	60.1	76.1
MP	31.6	33.5	37.8	48.1	53.2	70	66.3	61.2	66.6	75

表 5-8　不同处理淋溶水中 PP/TP 值　　　　　单位:%

处理	7 天	14 天	21 天	28 天	35 天	45 天	55 天	65 天	75 天	85 天
P0	72.9	63.8	52.4	53.7	48.5	43.7	33.9	46.7	50	45.1
SDP	72.8	63.2	56.8	60.5	50.8	49.9	30.7	22	33.6	37
MDP	69.7	66.5	59.3	59.4	48.9	45.7	19.8	27.5	30.7	16.8
P	69.6	69.6	50	45.7	43	41.4	38.9	36	36.8	13.7
SP	68.7	66	56.5	59.8	44.6	22.5	23.5	30.9	39.9	23.9
MP	68.4	66.5	62.2	51.9	46.8	30	33.7	38.8	33.4	25

表5-9　不同处理淋溶水中 MRP/TP 值　　　　　　　单位:%

处理	7 天	14 天	21 天	28 天	35 天	45 天	55 天	65 天	75 天	85 天
P0	6.5	10.1	9.9	15.2	15.8	17.9	17.5	11.6	15.5	9.2
SDP	5.4	5.8	8.1	17.9	14.9	18.5	13.6	11.6	13.7	20.1
MDP	6.1	10.1	11.7	20.0	17.6	25.4	16.0	20.3	21.2	24.0
P	10.4	11.5	15.3	27.5	21.6	24.9	28.1	20.0	23.9	25.8
SP	12.8	18.7	24.1	26.4	33.0	46.9	35.6	33.0	36.0	32.5
MP	15.9	23.1	22.2	33.1	34.5	48.3	42.9	37.2	43.6	30.3

表5-10　不同处理淋溶水中 DOP/TP 值　　　　　　　单位:%

处理	7 天	14 天	21 天	28 天	35 天	45 天	55 天	65 天	75 天	85 天
P0	19.5	25.9	37.1	30.8	35.2	38.1	28.5	31.4	34.5	34.8
SDP	10.6	10.2	15.0	21.1	30.2	31.5	30.4	28.4	22.3	20.9
MDP	12.9	12.9	18.3	20.0	23.4	28.6	34.0	31.7	37.8	36.0
P	15.6	16.5	18.7	26.5	25.4	33.1	32.9	30.0	29.2	30.2
SP	18.1	15.3	18.9	13.6	22.0	20.1	30.4	26.0	24.0	23.5
MP	15.1	9.9	14.8	14.9	18.6	21.7	23.1	23.8	22.4	24.8

从表5-7～表5-10还可以看出,同一天淋溶水中,不同施肥处理随着施肥量的增加,MRP/TP值呈现明显的增加趋势,相反DOP/TP值有明显的下降趋势。磷素的淋溶很复杂,受到很多因素的影响,不同施肥量、施肥方式、淋溶时间都可能影响到淋溶水中磷素的形态分布,故国内外研究结果有以MRP为主的,还有以DOP为主的,也有以PP为主的,由于采集淋溶水的条件不同,这些情况都是可能出现的。施用基肥后的一个月,各处理的淋溶水中TDP/TP值比较小,而PP/TP值比较大,这可能是因为水稻生长初期,稻田土壤中存在优先流,先淋溶出的就是附着在细小土壤颗粒上的颗粒态磷(PP)。再者,当土壤中磷素含量比较低的时候(不施磷肥P0)主要是可溶性有机磷(DOP)淋溶出来,而当土壤磷素含量较高时,可反应性无机磷MRP就成为淋溶水中主要的磷素形态,且随着施肥量的增加和有机肥的添加(优化施肥+猪粪有机肥处理MP、优化施肥+秸秆还田处理SP)有较为明显的增大趋势。

(7)不同层次土壤全磷和有效磷含量。如表5-11所示,水稻收获后不同施肥处理土壤中的全磷和有效磷含量也存在一定的差异,不同处理不同层次之间的差异程度也不尽相同。在0~40 cm土层,土壤全磷含量大小顺序是:优化施肥+猪粪有机肥(MP)>优化施肥(P)>优化施肥量磷减20%+猪粪有机肥(MDP)>优化施肥+秸秆还田(SP)>优化施肥量磷减20%+秸秆还田(SDP)>不施磷肥(P0)。其中,SDP与SP处理之间差异性不显著,MDP、MP、P处理之间差异也不显著,但是猪粪有机肥处理与秸秆及单纯施用化肥处理之间差异显著,且施肥处理与不施磷肥处理之间差异显著。在40~60 cm土层,土壤中全磷含量有与0~40 cm土层大致一样的规律。其中,优化施肥+秸秆还田(SP)、优化施肥量磷减20%+秸秆还田(SDP)处理与不施磷肥(P0)处理之间差异都不显著,但是与施用化肥和猪粪有机肥处理的差异显著。在60~100 cm土层,各处理之间全磷含量变化不大,没有显著性差异。

表5-11　不同处理不同层次土壤全磷、有效磷含量

处理	全磷/(g·kg⁻¹)			有效磷/(mg·kg⁻¹)		
	0~40 cm	40~60 cm	60~100 cm	0~40 cm	40~60 cm	60~100 cm
P0	0.621±0.007c	0.592±0.005c	0.628±0.002a	35.1±0.64c	30.6±0.50d	23.8±0.39c
SDP	0.669±0.005b	0.607±0.003bc	0.631±0.007a	42.9±0.71ab	31.9±0.46cd	24.9±0.64c
MDP	0.711±0.002a	0.665±0.001a	0.634±0.001a	43.1±0.79ab	32.4±0.66c	25.1±0.67c
P	0.719±0.003a	0.679±0.004a	0.630±0.002a	42.6±1.02b	32.7±0.71c	25.0±0.78c
SP	0.681±0.001b	0.610±0.007bc	0.629±0.004a	43.8±0.89a	34.7±0.68b	28.3±1.05b
MP	0.721±0.003a	0.683±0.008a	0.641±0.007a	44.0±1.34a	36.8±1.54a	30.5±1.36a

各处理之间有效磷含量也差异明显。在0~40 cm土层,优化施肥+猪粪有机肥(MP)处理土壤中速效磷含量最高,达到了44 mg·kg⁻¹;不施磷肥处理的速效磷含量最低,仅为35.1 mg·kg⁻¹。优化施肥+秸秆还田(SP)处理土壤中有效磷的含量达到了43.8 mg·kg⁻¹。即使是优化施肥量磷减20%+秸秆还田(SDP)和优化施肥量磷减20%+猪粪有机肥(MDP)处理土壤中有效磷含量也都高于优化施肥(P)处理。在40~60 cm土层,优化施肥+猪粪有机肥(MP)、优化施肥+秸秆还田(SP)、优化施肥(P)处理之间有效磷含量达到了显著性差异水平。在60~100 cm土层,优化施肥+猪粪有机肥(MP)处理与优化施肥+秸秆还田(SP)处理之间差异显著,且它们与其他处理之间也都达到了显著性差异,但是其他处理之间并没有显著性差异。这说明猪粪有机肥和秸秆还田对土壤中磷素有一定的活化作用,促进了磷素在土壤中的迁移,且猪粪有机肥对土壤磷素活化作用更强。李学平等(2008年)的研究也证实了这一点。

5.2.2.2 油菜季作物不同生育期土壤磷素含量变化

本试验研究根据三峡库区紫色土农田油菜种植特点和地下水文性质特征,选取油菜的几个重要生育期(苗期、蕾薹期、花期和收获期)分别采集0~20 cm、20~40 cm、40~60 cm、60~80 cm深度土壤,以探索不同磷肥施用条件下油菜主要生育期土壤剖面有效磷含量变化特征。

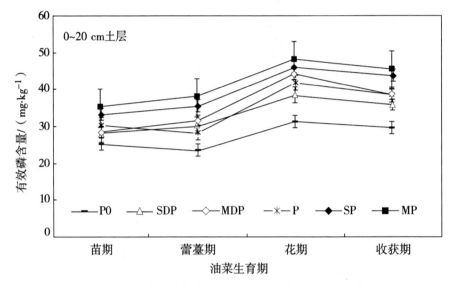

图5-6 油菜生育期内0~20 cm土层有效磷含量变化

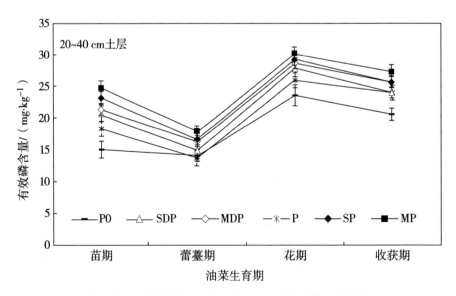

图5-7 油菜生育期内20~40 cm土层有效磷含量变化

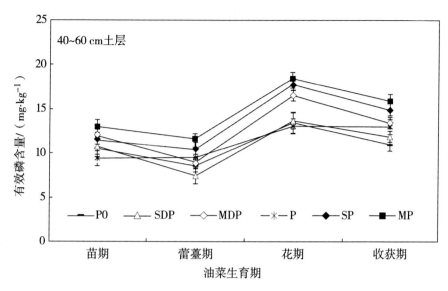

图5-8 油菜生育期内40~60 cm土层有效磷含量变化

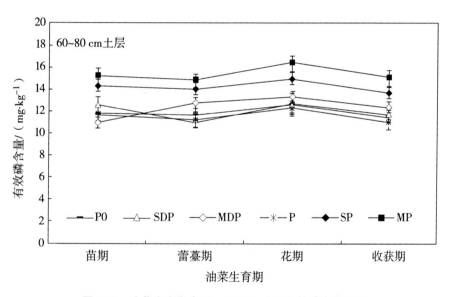

图5-9 油菜生育期内60~80 cm土层有效磷含量变化

图5-6~图5-9所示为油菜不同生育期土壤有效磷含量变化规律。从图5-6~图5-9可以看出,土壤有效磷含量在油菜苗期稍高,蕾薹期稍微有所降低,土壤有效磷含量在油菜花期达到相对较高的水平,之后收获期又略有下降。0~20 cm、20~40 cm、40~60 cm、60~80 cm深度土壤有效磷含量在油菜各生育期变化趋势大致相同。相同时期各处理之间各层次土壤有效磷含量都以优化施肥配施有机肥为最高,不施磷肥处理最低,且优化施肥+猪粪有机肥(MP)处理也较优化施肥+秸秆还田(SP)处理高。不同施肥处

理0~20 cm土层有效磷含量在油菜花期达到最大后、至收获期变化不大,总体上有升高趋势,而20~40 cm和40~60 cm土层有效磷含量在油菜不同生育期变化则较为明显,60~80 cm土层有效磷含量在作物不同生育期变化不大。

由计算可得,各处理不同土层中有效磷含量均以0~20 cm土层为最高,20~40 cm土层次之,相对于耕层有效磷平均含量降低幅度达到了60.3%,40 cm以下土层有效磷含量较低且40~60 cm、60~80 cm土层有效磷含量差异不明显,总体来看,亚表土层以下土层(40~80 cm)有效磷含量相对于亚表土层以上土层(0~40 cm)降低了约50%。可见,该研究区域土壤有效磷主要集中于表层和亚表层。

由油菜季不同生育期土壤磷素含量变化图可以看到,在蕾薹期土壤有效磷较苗期有一个明显的降低。产生这种现象的原因可能是化学磷肥过磷酸钙施进土壤后,很快被土壤中矿物固定,且蕾薹期是油菜生长最快、需磷量最大的时期,因而此时土壤中有效磷含量偏低。但在油菜开花期和收获后期,土壤有效磷有一个明显的上升。其可能原因是此时间段环境温度增加,雨水增多,加快了磷在土壤溶液中的扩散速度,从而提高了磷的有效性,同时,随着油菜生长根系更加发达,根系在生长的同时会向周围土壤环境中分泌有机酸使土壤pH降低,间接提高了土壤中磷的有效性,进而增加了此时期土壤有效磷含量。可见,油菜生长花期以后是土壤有效磷淋失的主要时期。

5.3　讨论

稻-油水旱轮作制度主要分布在我国长江中下游紫色土区,高投入高产出是该地区稻-油两熟制农田的特点。农民按照传统施肥习惯往农田中施入大量磷肥,然而作物对当季磷肥的利用率仅仅为10%~25%,这造成了三峡库区一部分农田土壤中磷素出现了盈余现象,多余的磷会随地表径流或者淋溶进入地表水体和地下水体,会对该区域水环境产生不利影响,加剧水体富营养化。因此,根据土壤自身磷素水平,结合生产、生态、经济等综合目标,实施优化施磷措施具有重要的实践意义。

作物磷素营养来自土壤有效磷库和磷肥施用,因此,在土壤自身有效磷含量增加的情况下仍保持较高的施磷量,就会造成磷肥资源的浪费和作物利用率的降低。近年来,部分学者针对一些集约化程度相对较高的农作体系进行了减量施肥的研究探索,在有效磷含量相对较高的土壤上研究减磷的可行性和对作物效果方面已有部分成果。再者,有机、无机肥料配施是我国农作物重要的施肥制度之一,化学肥料的肥效较快,而有机肥分解缓慢,虽然有机肥不能满足作物生长前期对养分的需要但是其具有长效性,因此,在减少一定量的化学肥料同时配施有机肥可以在满足作物良好生长且获得较高产量的同时又节省了生产成本和降低了农业面源污染。本研究在固定其他变量条件的情况下,研究化学磷肥不同施用量及减量磷肥配施不同有机肥对水稻和油菜生长、对磷肥利用率的影响。本研究结果表明,有机、无机肥料配施在提高作物产量的同时显著提高了作物对磷肥的利用,且以优化施肥量磷减20%+猪粪有机肥(MDP)处理和优化施肥量磷减20%+秸秆还田处理的磷肥利用率较高。

施肥和灌溉或者降雨都是影响农田土壤磷素迁移的重要原因,虽然土壤自身对磷素有很强的固定能力,加之磷肥主要施在耕层土壤,但是含磷量较低的下层土壤被认为是吸持磷素的容量库,故之前很多研究认为磷沿旱地土壤剖面往下淋溶迁移的可能性不大或者是不重要。但是,随着农业土壤耕作施肥年限日益增长,土地利用程度日益提高,磷素在土壤中大量积累,在降雨或者灌溉水量较大时就极易垂直向下发生淋溶,对于水田本身处于季节性淹水条件下,土壤磷素淋溶不可忽视。土壤磷素淋失受到诸如土壤性质、气候条件、施肥方式和施肥量、土地利用类型等因素的影响。本试验主要在固定其他变量条件的情况下,研究化学磷肥不同施用量及减量磷肥配施不同有机肥对土壤磷素淋失的影响。本研究结果表明,同等条件下化肥减量可以降低淋溶水中磷素含量,从而抑制磷素的渗漏淋失。就优化施肥(P)和不施磷肥(P0)试验处理来看,同样没有配施有机肥,但是不施磷肥(P0)处理中缺少施肥,土壤中磷含量低,降低了土壤中磷活性,故该处理磷淋失量就小;而优化施肥(P)处理增加了土壤中磷含量,提高了土壤中磷活性,因而增加了磷淋溶损失的风险。对于同样配施有机肥的处理,优化施肥+猪粪有机肥(MP)、优化施肥+秸秆还田(SP)与优化施肥量磷减20%+猪粪有机肥(MDP)、优化施肥量磷减20%+秸秆还田(SDP)相比,土壤中磷含量会更高些,因此土壤中磷素活性会提高,淋溶水中磷含量就相对较高,同样表明增加磷肥用量会增加磷素淋失风险。刘之广等(2014年)在太湖直湖港地区模拟条件下研究不同施肥处理对土壤磷素淋失的影响中也有同样结论。

本研究结果表明,猪粪有机肥和秸秆还田对稻-油水旱轮作体系土壤磷素淋溶具有一定的促进作用。这是因为稻田淹水以后氧化还原电位降低,配施有机肥后,土壤有机质增加,有机质在还原条件下进行嫌气分解产生多种有机酸,有机酸与磷酸根之间竞争吸附,从而会降低土壤矿物仅仅对磷酸根的吸附,同时有机酸根离子与土壤中各种金属离子可以发生络合反应,可以在一定程度上屏蔽掉土壤磷的吸附位点,这样磷素在土壤中的迁移就会变得相对容易。同时,有机肥中磷含量较高,Fe、Al含量较低,可降低土壤的固磷能力。因此就促进了磷素在土壤剖面中的垂直迁移。而李学平等(2010年)在模拟条件下研究农田磷素渗漏淋失特征时发现,无机化肥配施秸秆对磷素渗漏淋失起到抑制作用。胡宏祥等(2015年)在秸秆还田配施化肥对黄褐土磷素淋失的影响研究中发现,秸秆还田对土壤磷素的淋溶具有一定的促进作用。上述分歧产生的原因是否在于所用土壤差异或者在于室内模拟与田间试验差异,这些都需要进一步研究验证。

通过本试验研究各施肥处理对作物生长、磷肥利用率的影响和对土壤磷素有效性的贡献,以及其磷素淋失对水环境造成危害大小可以看出,化学磷肥减量和秸秆配施是应对农业面源污染"控源节流"的较好措施。

5.4　小结

(1)优化及减磷配施有机肥对水稻、油菜生长发育和磷肥利用率的影响研究结果表明,在常规作物施肥基础上适当减少化学磷肥施用量,并配合施用有机肥,对作物产量并没有显著的减产效应,而且能在一定程度上减少农田磷素损失、提高磷素利用率。水稻对磷肥的利用率总体表现为 MDP>SDP>MP≈P,磷肥利用率在20%～25%之间。油菜对磷肥的利用率总体表现为 SDP>MDP>MP>SP>P,磷肥利用率在17%～29%之间。

(2)不同施肥处理对稻田田面水 TP 含量变化研究结果表明,在水稻生长前一个月内,田面水总磷含量随着施磷水平的增加而增加,优化施肥(P)处理总磷含量比不施磷肥(P0)处理高4倍左右;一个月后不同施肥处理田面水总磷含量基本一致;80天后各处理总磷含量接近不施磷肥处理。

(3)水稻生长期内稻田土壤淋溶水中磷素含量呈现波动下降趋势。淋溶水中 TP 和 TDP 含量变化趋势一致,均在施用基肥7天达到最大值,然后就逐渐下降;淋溶水中 TP 含量随着土层深度增加而降低;TDP 占淋溶水总磷的54%,是渗漏水磷素的主要形态。施用猪粪有机肥和稻草秸秆提高了淋溶水中的磷素含量,促进了土壤中磷素的淋失,猪粪有机肥的促进作用比秸秆大。同一时期各个处理同一土层中各形态磷素含量大小顺序为 MP>SP>P>MDP>SDP>P0。化学磷肥减量有利于降低土壤淋溶水中磷素含量。P0处理总磷淋失量比 P 处理降低39%。MDP 和 SDP 处理三个层次土壤总磷淋失量比 MP 和 SP 处理分别降低21.7%和19.6%。施用猪粪有机肥和稻草秸秆可以显著提高土壤中有效磷的含量,但对土壤全磷含量影响不大。

(4)油菜不同生育期土壤磷素含量变化研究结果表明,蕾薹期土壤有效磷较苗期有一个明显的降低,但在油菜开花期和收获后期,土壤有效磷有一个明显的上升,油菜生长花期以后是土壤有效磷淋失的主要时期。

第6章

土-水-植耦合的紫色土农田磷素迁移流失模型

磷元素作为江河湖泊水体富营养化主要限制性因子,受到国内外众多学者的关注。研究者们做了磷素流失监测、磷素流失模拟等多方面的研究。南方稻田通过排水和淋溶所造成的磷素损失是农业面源污染、水体富营养化不可忽视的重要组成部分。传统的研究磷素运移过程的方法是依据土壤中溶质运移的原理,建立一维垂向土壤磷素、水分运移方程,用以描述土壤中水分磷素运移转化动态变化,但此运移方程为非线性偏微分方程,数值运算工作量巨大,且水动力学动态模型方程参数众多,受客观土壤性质和环境影响较大,大范围推广难度较大。为了较为精确地模拟出稻田磷素损失量,本研究以质量守恒原理为基础,综合考虑稻田土壤水分运移(降雨、灌溉、渗漏、排水、蒸发)和磷素的运移转化(土壤磷素固定和矿化、淋溶、土壤胶体对磷素的吸附解吸、水稻吸收利用等),建立起土-水-植耦合的紫色土水稻田磷素动态流失模型,动态模拟可反应性无机磷(溶解态无机磷)MRP 在田面水和渗漏水中的含量变化。并采用第 5 章田间试验测定数据对模型中的主要参数率定并验证,同时进行了灵敏度监测,结果显示,模型可以较好地拟合田面水和渗漏淋溶水中 MRP 含量的动态变化。另外,本研究结合三峡库区紫色土旱坡地磷素迁移流失特征,综合现有的磷素流失模型的特点,初步提出三峡库区旱坡地磷素迁移流失预测模型,并采用第 5 章试验实测数据对模型预测结果进行检验,旨在为控制三峡库区紫色土旱坡地磷素流失提供理论依据。

6.1　材料与方法

稻-油水旱轮作紫色土无机磷动态变化及其迁移特征试验安排在国家紫色土土壤肥力与肥料效益长期监测基地,试验处理、小区监测以及试验田间条件见第 5 章"材料与方法"内容。紫色土旱坡地土壤无机磷迁移转化特征及主控因素研究安排在重庆市北碚区西南大学试验农场,该试验点为农业部南方山地丘陵面源污染监测试验点之一,试验处理、小区监测以及试验田间条件见第 5 章"材料与方法"内容。

6.2 结果与分析

6.2.1 紫色土稻田磷素迁移流失模型

6.2.1.1 稻田土壤水分运移特征

(1)灌溉与降雨。灌溉与降雨是水稻生长的主要水分来源,定义 h_u、h_b、h_m、h_i 为水稻生长的不同时期最大适宜水深、最低适宜水深、耐淹水深以及灌溉水深,定义 R_d、R_{dm} 为田面排水速率和最大排水速率,用田面水深 h_L 与三者水深间关系来模拟水田排灌。当 $h_L > h_m$ 时稻田田面需要排水,如果 $(h_L - h_m)/t > R_{dm}$,排水速率为 $R_d = R_{dm}$;如果 $(h_L - h_u)/t > R_{dm}$,排水速率为 $R_d = (h_L - h_m)/t$。当 $h_u < h_L < h_m$ 时稻田田面也需要排水,如果 $(h_L - h_u)/t > R_{dm}$,排水速率为 $R_d = R_{dm}$;如果 $(h_L - h_u)/t < R_{dm}$,排水速率为 $R_d = (h_L - h_u)/t$。当 $h_b < h_L < h_u$ 时稻田田面不排灌,$R_d = h_i = 0$。当 $h_L < h_b$ 时,稻田田面需要灌溉,灌溉水深 $h_i = (h_u + h_d)/2 - h_L$。

由以上分析可知,田面水深 h_L 可由式 $h_L(t) = h_L^0 + h_i + (R_r - R_d - R_a - R_e - R_L)t$ 求得。其中,$h_L(t)$ 为时刻 t 田面水深;h_L^0 为初始田面水深;R_r、R_a、R_e、R_L 分别为降雨强度、叶面蒸腾速率、田间下渗速率、棵间蒸发速率。

(2)田间下渗与蒸腾作用。稻田田间水量主要通过水稻吸收蒸腾作用、田间蒸发和田间下渗损失。水稻吸收蒸腾作用又分为水稻叶表面蒸发和水稻棵间蒸发作用,两者随水稻品质和地区差异不尽相同。总体来说,需水量呈现随时间由少增多、再由多到少的变化趋势。彭世彰(1998 年)在水稻节水灌溉技术中给出了水稻在生长期内每日叶片蒸腾以及棵间蒸发量。可见,稻田田间水下渗量跟土壤结构、质地、田面水深、地下水位及周边环境条件密切相关,在土壤水饱和条件下土壤中水分运移符合达西定律(又称线性渗流定律)。本研究表明,稻田在整个稻季渗漏水量在 280 ~ 420 mm 之间。

6.2.1.2 稻田土壤磷素运移转化特征

(1)大气降雨湿沉降。由于降雨中雨水含磷量非常低,且其变化也不大,故通过降雨带入稻田中的磷素可不予考虑。

（2）磷素淋溶。稻田土壤中的磷素可以沿垂直方向在土体表面随水渗漏淋溶，但是由于磷肥施入土壤后容易被固定，故有关研究表明其随水淋溶流失的的可能性较小。第5章研究表明，稻田土壤磷素渗漏淋溶流失不可忽视，但是在40 cm土层深度下方渗漏量较小且变化不大，故本模型中淋溶损失量主要是指0～40 cm土层深度渗漏水中磷素损失。

（3）土壤胶体对磷素的吸附解吸。常见的描述土壤胶体对磷素吸附特性的等温线方程有Henry型、Freundlich型和Langmuir型3种。其中，Langmuir吸附等温线式方程 $\left[\dfrac{C}{X}=\dfrac{C}{X_{\mathrm{m}}}+\dfrac{1}{KX_{\mathrm{m}}}\right.$，式中 X 为磷吸附量（mg·kg^{-1}），C 为平衡液磷浓度（mg·L^{-1}），K 为与磷结合能力有关的常数，X_{m} 为最大磷吸附量（mg·kg^{-1}）$\left.\right]$在土壤胶体对磷素吸附研究中应用得最为广泛。以往关于胶体对土壤离子吸附，主要在于研究平衡状态下平衡液浓度与吸附量之间的相关关系。土壤胶体对磷的吸附量一般随着平衡液浓度的增加而快速增加到最大值，当达到一定吸附量后吸附趋于平缓。本模型将吸附解吸速率公式引入，据Langmuir单分子层吸附理论，则吸附解吸速率由公式

$$\frac{\partial M}{\partial t}=k_{\mathrm{a}}\rho_{\mathrm{a}}(M_{\mathrm{m}}-M)-k_{\mathrm{d}}M \tag{6-1}$$

决定。其中，t 为时间；M 为单位质量土壤胶体吸附量；M_{m} 为单位质量土壤胶体最大吸附量；k_{a} 吸附速率常数；ρ_{a} 为吸附分子质量浓度；k_{d} 为解吸速率常数。

（4）水稻对磷素吸收。水稻生长发育所需磷素主要来源于土壤自身磷库和外施磷肥。从本试验研究第5章可以看出，不同施肥处理中磷肥利用率在20%～25%之间，剩余的磷肥残留于土壤之中。

（5）土壤磷素矿化与固持。土壤磷素矿化是指土壤中的有机磷在微生物分解作用下变成无机磷的过程，矿化产生的无机磷又会被土壤胶体吸附生成难溶磷酸盐，水稻根系能分泌有机酸，难溶磷酸盐在有机酸作用下可以提高磷素的有效性。为反映土壤磷素矿化与固定的过程，本模型用一级反应动力学方程来模拟。

6.2.1.3 土-水-植耦合的紫色土稻田磷素流失模型

从质量守恒观点出发，综合上述土壤水分和磷素运移转化特征等因素，建立如下平衡方程：

$$\frac{\mathrm{d}(h_{\mathrm{l}}\rho_{\mathrm{L}})}{\mathrm{d}t}=R_{\mathrm{i}}\rho_{\mathrm{i}}+R_{\mathrm{t}}\rho_{\mathrm{r}}-(R_{\mathrm{d}}+R_{\mathrm{a}}+R_{\mathrm{L}})\rho_{\mathrm{L}}-[k_{\mathrm{aL}}\rho_{\mathrm{L}}(M_{\mathrm{mL}}-M_{\mathrm{L}})-k_{\mathrm{dL}}M_{\mathrm{L}}]\rho_{\mathrm{s}}h_{\mathrm{us}}+100F_{\mathrm{p}}$$

$$\tag{6-2}$$

式中，ρ_L 为稻田田面水 MRP 质量浓度，单位为 mg·L^{-1}；R_i 为灌溉速率，单位为 mm·h^{-1}；ρ_i 为灌溉水中 MRP 质量浓度，单位为 mg·L^{-1}；ρ_r 为降雨水中 MRP 质量浓度，单位为 mg·L^{-1}；M_{mL} 为土壤对 MRP 最大吸附量，单位为 g·kg^{-1}；M_L 为土壤对 MRP 实际吸附量，单位为 g·kg^{-1}；k_{aL} 为土壤对 MRP 吸附速率常数，单位为 m^3·g^{-1}·h^{-1}；k_{dL} 为土壤对 MRP 解吸速率常数；ρ_s 为土壤体积质量，单位为 kg·m^{-3}；h_{us} 为与田面水吸附解吸反应的土层厚度，单位为 mm；F_p 为单位面积施肥量，单位为 kg·hm^{-2}。

因为水稻生长期一直处于淹水状态下，土壤表层含水率基本无变化，所以忽略含水率随时间变化，在考虑土壤水分渗漏淋溶、土壤胶体吸附解吸和水稻吸收等因素的作用下，土壤孔隙水中 MRP 的有关方程为

$$h_w \frac{d\rho_2}{dt} = (R_a + R_L)\rho_1 - R_1\rho_2 - 100M_p - [k_{a2}\rho_2(M_{m2} - M_2) - k_{d2}M_2]\rho_s h_s \quad (6-3)$$

$$h_w = 0.01 h_s k_w \quad (6-4)$$

式中，ρ_2 为土壤耕层孔隙水 MRP 质量浓度，单位为 mg·L^{-1}；h_w 为土壤耕层含水量，单位为 mm；h_s 为发生吸附解吸的耕层土壤厚度，单位为 mm；k_w 为土壤耕层含水率，单位为%（容积百分比）；M_p 为水稻对耕层 MRP 吸收速率，单位为 kg·hm^{-2}·h^{-1}；M_{m2} 为耕层土壤对 MRP 最大吸附量，单位为 g·kg^{-1}；M_2 为耕层土壤对 MRP 实际吸附量，单位为 g·kg^{-1}；k_{a2} 为耕层土壤对 MRP 吸附速率常数，单位为 m^3·g^{-1}·h^{-1}；k_{d2} 为耕层土壤对 MRP 解吸速率常数。

表层和耕层土壤吸附磷素在考虑土壤有机磷固定和矿化、吸附解吸等综合因素影响下，建立如下方程：

$$\frac{dM_1}{dt} = k_{m1}N_{m1} - k_{f1}M_1 + k_{a1}\rho_1(M_{m1} - M_1) - k_{d1}M_1 \quad (6-5)$$

$$\frac{dM_2}{dt} = k_{m2}N_{m2} - k_{f2}M_2 + k_{a2}\rho_2(M_{m2} - M_2) - k_{d2}M_2 \quad (6-6)$$

式中，N_{m1}、N_{m2} 分别为表层土壤和耕层土壤磷矿化势，单位为 g·kg^{-1}；k_{m1}、k_{m2} 分别为表层土壤和耕层土壤磷矿化速率常数，单位为 h^{-1}；k_{f1}、k_{f2} 分别为表层土壤和耕层土壤磷固定速率常数，单位为 h^{-1}。

式（6-2）~式（6-6）一起构成土-水-植耦合的紫色土稻田磷素流失模型，此方程组为非齐次常微分方程组，采用隐式离散的数值方法进行求解。

采用第 5 章田间试验处理优化施肥（P）实测数据对模型中的参数进行率定，然后用李学平（2008 年）田间试验 P120（施用化学磷肥 P$_2$O$_5$ 120 kg·hm^{-2}）所得数据对模型进行验证，结果如图 6-1 所示。由图 6-1 可以看出，模型可以较好地模拟田面水中 MRP 含

量的变化特征。通过计算可知,模拟值与实测值相对误差在 20% 以内。

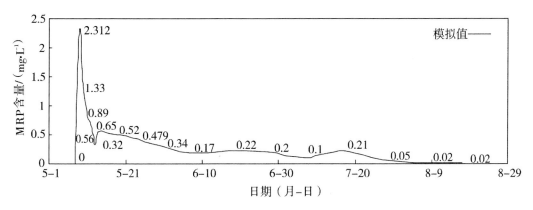

图 6-1　稻田田面水中 MRP 含量实测值与模拟值比较

对模型进行灵敏度测定分析可以找出对稻田磷素损失量有较大影响的参数,对识别紫色土稻田磷素污染控制的关键环节、制订出施磷消减优化方案和控制面源污染具有重要理论意义。模型灵敏性分析还是以本研究第 5 章试验处理优化施肥(P)水平为对象,通过改变模型中参数的取值,分析了各个参数对磷素损失的影响程度,分析结果如表 6-1 所示。

表 6-1　模型参数灵敏性检验

参数名	参数值	排水损失量/ ($kg \cdot hm^{-2}$)	渗漏损失量/ ($kg \cdot hm^{-2}$)	总损失量/ ($kg \cdot hm^{-2}$)	总损失量偏差/ ($kg \cdot hm^{-2}$)	偏差百分比/ %
矿化速率 常数	$0.00040h^{-1}$	0.0223	0.1845	0.2068	0	0
	$0.00030h^{-1}$	0.0187	0.1402	0.1589	-0.0479	-23.16
	$0.00050h^{-1}$	0.0253	0.2451	0.2704	0.0636	30.75
固定速率 常数	$0.0020\ h^{-1}$	0.0223	0.1845	0.2068	0	0
	$0.0016\ h^{-1}$	0.0317	0.2793	0.311	0.1042	50.38
	$0.0024\ h^{-1}$	0.0174	0.1356	0.153	-0.0538	-26.02
渗漏速率	4.0 mm	0.0223	0.1845	0.2068	0	0
	3.0 mm	0.0219	0.1256	0.1475	-0.0593	-28.68
	5.0 mm	0.0208	0.2512	0.272	0.0652	31.52

从表 6-1 可以看出,矿化速率常数减小后,MRP 磷素矿化量减少,结果导致磷排水和淋溶损失量都相应地减少;相应地减小了固定速率常数的结果是增加了排水和渗漏损失

磷总量;再者降低稻田渗漏速率能使稻田的磷素渗漏损失量降低。几个参数中固定速率常数最敏感,对结果的影响也最大。

以上结果表明,水-土-植耦合的紫色土水稻田磷素动态流失模型可以较好地定量模拟预测田面水 MRP 含量变化特征;固定速率常数最敏感,对结果影响作用最大;施肥初期排水会导致磷素随排水损失增加,因此,合理排灌对控制稻田磷素流失有其积极意义。

6.2.2 紫色土旱坡地磷素迁移流失模型

6.2.2.1 旱坡地磷素迁移流失模型建立

以第 5 章试验小区为基础,分别观测测定降雨过程各小区产流、产沙及磷素流失过程及流失量。研究结果表明,紫色土旱坡地磷迁移流失主要由径流和泥沙两部分组成,且磷素流失量与坡面产流、产沙之间存在明显的相关关系。借鉴胡宏祥等(2009 年)提出的红壤坡地养分流失预测模型,提出三峡库区旱坡地磷素流失预测修正系数,建立物理成因型紫色土旱坡地磷素迁移流失模型:

$$\begin{cases} E = \lambda \left[R \cdot K \cdot SL \cdot CP \cdot e_s + \dfrac{0.1(P - 0.2s)^2 e_r}{P + 0.8s} \right] \\ e_s = J_s e_0 \\ e_r = J_r e_0 \end{cases} \quad (6-7)$$

式中,E 为磷素流失量,单位为 $kg \cdot hm^{-2}$;λ 为修正系数;e_r、e_s 是径流、泥沙总磷含量,单位为 $g \cdot kg^{-1}$;J_r、J_s 是径流、泥沙总磷富集度;e_0 为雨前土壤磷素含量,单位为 $g \cdot kg^{-1}$;K 为紫色土可侵蚀性因子,单位为 $t \cdot h \cdot MJ^{-1} \cdot mm^{-1}$;$R$ 为降雨侵蚀因子,单位为 $MJ \cdot mm \cdot hm^{-2} \cdot h^{-1}$;$SL$ 为坡长和坡度因子;CP 是植被、管理综合因子;P 是降雨量;s 是吸水参数。

6.2.2.2 旱坡地磷素迁移流失模型参数选取及预测结果检验

(1) R 的计算。首先确定侵蚀性降雨雨强及降雨量,根据相关经验公式计算各降雨强度下的降雨动能,并建立起它与侵蚀模数之间的相关关系,计算得出次降雨的总动能及次降雨过程中连续 30 min 最大雨强,将两者相乘得到 R 值,计算公式如下:

$$\begin{cases} R = \sum EI_{30} \\ \sum E = \sum eP \\ e = 0.3158 + 0.1216\ln i \end{cases} \quad (6-8)$$

式中，R 为降雨侵蚀因子，单位为 $MJ \cdot mm \cdot hm^{-2} \cdot h^{-1}$；$\sum E$ 为次降雨总能，单位为 $MJ \cdot hm^{-1}$；I_{30} 为次降雨过程中连续 30 min 最大降雨强度，单位为 $mm \cdot h^{-1}$；e 为次降雨过程中某一时段的降雨动能，单位为 $MJ \cdot mm \cdot hm^{-1}$；$P$ 为相对应的某一时段降雨量，单位为 mm；i 为相对应某一时段降雨强度，单位为 $mm \cdot min^{-1}$。由计算可得，紫色土旱坡地各处理小区 R 值为 510 $MJ \cdot mm \cdot hm^{-2} \cdot h^{-1}$。

（2）K 的计算。紫色土旱坡地土壤可侵蚀性因子是指单位降雨侵蚀力所引起的土壤流失率，其与紫色土壤基本理化性质有关。根据已有研究分别测定紫色土中砂砾、粉砂和黏粒含量以及有机质含量后代入相关公式得到可侵蚀性因子 K，计算公式如下：

$$
\begin{cases}
K = 0.0293(0.65 - D_G + 0.24 D_G^2) \cdot e\left[-0.0021\dfrac{Q_M}{f_c} - 0.00037\left(\dfrac{Q_M}{f_c}\right)^2 - 4.02 f_c + 1.72 f_c^2 \right] \\
D_G = -3.5 f_c - 2.0 f_s - 0.5 f_d
\end{cases}
$$

$$(6-9)$$

式中，K 为紫色土可侵蚀性因子，单位为 $t \cdot h \cdot MJ^{-1} \cdot mm^{-1}$；$Q_M$ 为紫色土有机质含量，单位为 %；f_c 为紫色土黏粒（粒径 <0.002 mm）含量，单位为 %；f_s 为紫色土粉砂粒（粒径 0.002~0.05 mm）含量，单位为 %；f_d 是紫色土砂粒（粒径 0.05~2.0 mm）含量，单位为 %；D_G 是紫色土质地平均粒度因子。通过计算优化施肥处理小区紫色土可侵蚀性因子 K 为 0.045 $t \cdot h \cdot MJ^{-1} \cdot mm^{-1}$。

（3）LS 的计算。紫色土旱坡地 LS 因子包括坡度和坡长两因素，根据改进的土壤流失模型（RUSLE）坡度坡长计算公式，将两个因子分别计算得出，其中的关键是对修正系数 r 的选取，修正系数大小与土地利用状况相关。有关计算公式如下：

$$
\begin{cases}
L = \left(\dfrac{\lambda}{22.13}\right)^m \\
m = \dfrac{\theta}{1 + \theta} \\
\theta = \left[\dfrac{\sin\beta/0.0896}{3(\sin\beta)^{0.8} + 0.56}\right] r
\end{cases}
$$

$$(6-10)$$

$$
s = \begin{cases}
10.8\sin\beta + 0.03, & \beta < 0.09 \\
16.8\sin\beta - 0.5, & \beta \geqslant 0.09
\end{cases}
$$

$$(6-11)$$

式中，L 为紫色土旱坡地坡长因子；S 为坡度因子；λ 为旱坡地垂直水平射影，单位为 m；m 为坡长指数；θ 为细沟与细沟间比率；β 为坡度，单位为 %；r 为修正系数。通过有关计算得出，优化施肥处理小区紫色土坡长坡度因子为 1.4。

（4）CP 的计算公式为

$$CP = \frac{\sum_{i=1}^{n} SLR_i \times EI_i}{EI_t} \tag{6-12}$$

式中，CP 为植被管理综合性因子；SLR_i 为第 i 阶段时期某作物覆盖、管理条件下土壤磷流失量与同等条件下休闲对照地上的土壤磷流失量比值；EI_i 是第 i 阶段时期降雨侵蚀力指数值占全年总值的百分数；EI_t 是所有时段 EI_i 之和。通过有关计算得出，优化施肥小区 CP 为 0.11。

紫色土旱坡地磷素迁移流失模型中的其他参数均通过试验实测所得，修正系数 λ 通过最小二乘法算得。

利用第 5 章典型次降雨条件下实测总磷流失量对本模型预测结果进行检验，结果表明，模拟值与实测值相对误差为 19.67%。这说明本模型可以较好地对紫色土旱坡地总磷流失量进行预测。

6.3　小结

本研究利用质量守恒原理建立起紫色土水稻田磷素动态流失模型，并根据紫色土旱坡地磷素流失主要由径流携带和泥沙携带两部分组成的研究结果，初步建立起了紫色土旱坡地磷素迁移流失预测模型，以实现对我国三峡库区紫色土磷素迁移流失量的预测。最后，利用第 5 章试验实测数据对模型预测结果进行验证，结果表明模型可以较好地对紫色土农田土壤磷素迁移流失量进行预测。本研究所述土壤磷素迁移流失模型的建立，为预测三峡库区紫色土农田土壤磷素流失量，制订合理的土地利用规划方案、施肥和耕作措施提供了较可靠的科学依据和理论基础。本模型预测精度的高低主要在于对模型参数的选取，然而模型中参数众多，加之三峡库区复杂的自然地形条件及土壤的差异，故针对特定地区，磷素迁移流失模型还需在实践中进一步加以验证。因此，建立以磷素迁移转化为基础、适应于较大流域和便于推广的磷素面源污染模型，将是以后该领域研究的重点。

第7章

主要结论、创新点及展望

7.1 主要结论

本研究以我国三峡库区主要农田土壤紫色土为材料,采用田间原位定点监测并结合室内实验分析的方法,运用化学测试和系统的土-水-植并析的生态学观点,研究了长期定位施肥条件下紫色土无机磷形态演变、长期保护性耕作制度下紫色土剖面无机磷变化特征、紫色土旱坡地土壤磷素迁移转化特征及主控因素,以及稻-油水旱轮作制度下紫色土磷肥效应与土-水-植体系磷素动态变化特征,最后建立土-水-植耦合的紫色土农田磷素流失模型。获得的主要结论有以下几点:

(1)经过22年肥料定位试验,长期施用化学磷肥以及有机、无机肥料配施处理的土壤上、下层全磷、有效磷和各形态无机磷均有不同程度的增加,增加幅度大小顺序都是:有机、无机肥料配施处理区>化学磷肥施用区>不施肥或者单施氮肥处理区。其中,表层增加比较显著。猪粪+NPK(M+NPK)处理土壤增加最多,其中有效磷含量增加了6倍,不施肥处理和单施氮肥处理土壤有效磷、全磷和各形态无机磷的含量出现了下降,其中有效磷含量分别降低了51.1%和53.5%。随着土层深度的增加,各形态无机磷含量都有逐渐减小的趋势,但是在80~100 cm土层深度都有不同程度的升高。Fe-P含量的整体趋势为下层土壤高于耕层土壤。由此可见,虽然土壤中磷素移动性较小,但是长期持续施肥,土壤中磷素可以不同程度地向下迁移,尤其是施用有机肥更容易造成磷素的向下移动。紫色土不同形态磷素之间存在着显著正相关关系,无机磷各组分对紫色土有效磷的贡献顺序为:$Ca_2-P>Al-P>Ca_8-P>Fe-P>Ca_{10}-P>O-P$。

(2)经过22年的保护性耕作之后,0~20 cm、20~40 cm深度土壤全磷、有效磷和各形态无机磷含量都发生了很大的变化,均比试验前土壤有不同程度的增加。对于无机磷含量,垄作免耕 2(RNT2)处理较试验前增加了 2 倍多,垄作免耕 1(RNT1)处理也增加了近 1.5 倍。不同耕作土壤中不同形态无机磷含量的大小顺序为:垄作免耕 2(RNT2)>常规平作(CF)>水旱轮作(CR)>垄作免耕 1(RNT1)。土壤中的磷素容易为土壤中金属离子和矿物所吸附固定而累积,利用率非常低,只有最终能被植物体很好地吸收才能体现出其有效性,因此针对保护性耕作土壤中累积的磷素怎样更高效地利用是以后研究的方向。从不同耕作制度来看,其优势大小顺序依次为:水旱轮作>垄作免耕>常规平作。水旱轮作作为较为优势的一种耕作制度实施起来也要根据当地实际的生产情况。从各形态无机磷在不同剖面紫色土总无机磷中所占比例来看,Ca_{10}-P 和 O-P 较大,钙磷整体所占比例最大。

(3)不同施肥处理对冬小麦-夏玉米生长发育和磷肥利用率的影响研究表明,冬小麦季和夏玉米季都以倍量施磷肥(2P)处理作物磷吸收量为最高,但是磷素表观利用率却不高。小麦季优化施肥量磷减 20%+秸秆还田(SDP)处理和优化施肥量磷减 20%+猪粪有机肥(MDP)处理的磷肥表观利用率分别比常规优化施肥(P)处理高 5.9% 和 4.2%。玉米季有机、无机肥料配施处理磷肥表观利用率也显著高于单施化肥处理($P<0.05$)。尽管倍量施磷肥(2P)处理可以增加作物对磷素的吸收量,但是其经济效益和利用率却大大降低,会导致肥料资源的浪费和环境的污染。有机、无机肥料配施可以显著提高作物对磷肥的吸收利用能力。紫色土旱坡地冬小麦和夏玉米适当减磷配施有机肥可以在不减产的前提下提高磷肥的利用率。不同施肥处理条件下 TP 和 TDP 流失量有明显的差异。各处理 TP 和 TDP 含量的变化范围比较大,分别为 $0.06 \sim 1.58$ kg·hm^{-2}·a^{-1} 和 $0.009 \sim 0.268$ kg·hm^{-2}·a^{-1}。从 2011—2014 年不同施肥处理 TP 和 TDP 平均流失总量可以看出,磷肥施用量越大磷素流失越大,配施有机肥可以减少磷素流失量。紫色土旱坡地地表径流和壤中水流受降雨强度影响,雨季典型次降雨中到暴雨平均径流量为 $10.68 \sim 52.32$ mm,泥沙量为 $13.58 \sim 40.20$ kg·km^{-2}。壤中水流占总径流的 53% 以上,是紫色土旱坡地雨季径流的主要输出方式。壤中水流在磷素迁移中的作用不容忽视。减磷配施有机肥对紫色土旱坡地地表径流和壤中水流磷素含量影响显著。紫色土旱坡地磷素地表径流流失的形态以颗粒态磷 PP 为主,占 TP 70% 以上;壤中水流磷素流失形态以 DOP 为主。紫色土旱坡地雨季典型次降雨磷素平均流失负荷为 $0.01 \sim 0.47$ kg·hm^{-2}。地表径流磷素流失占平均总磷素流失负荷的 90% 以上,是紫色土旱坡地雨季磷素流失的主要途径。减磷配施猪粪和秸秆有机肥对土壤磷素地表径流损失具有显著的消减效应,但对壤中水流磷素淋失有一定的促进作用。

(4)优化及减磷配施有机肥对水稻、油菜生长发育和磷肥利用率的影响研究表明,在常规作物施肥基础上适当减少化学磷肥施用量,并配合施用有机肥,对作物产量并没有显著的减产效应,而且能在一定程度上减少农田磷素损失,提高磷素利用率。不同施肥处理对稻田田面水 TP 含量动态变化研究表明,在水稻生长前一个月内,田面水总磷含量随着施磷水平的增加而增加。磷肥施用后的 7~10 天是控制稻田磷素流失的关键时期,在此时期内任何降雨径流或者人为扰动以及农田排水都可能使得大量的磷素流失进入水环境之中,从而增加水体污染的风险。因此,在此期间稻田田间水分的控制对磷素流失至关重要,应该尽量避免排水和中耕等田间操作,同时也要避开暴雨期施磷,或者在减少磷肥施用基础上配合有机肥施用,这些都可以显著减少稻田磷素流失。不同施肥处理对稻田淋溶水磷素动态变化研究表明,水稻生长期内稻田土壤淋溶水中磷素含量呈现波动下降趋势。淋溶水中 TP 和 TDP 含量变化趋势一致,均在施用基肥 7 天达到最大值,然后就逐渐下降;淋溶水中 TP 含量随着土层深度增加而降低;TDP 占到淋溶水总磷的54%,是渗漏水磷素的主要形态。施用猪粪有机肥和稻草秸秆提高了淋溶水中的磷素含量,促进了土壤中磷素的淋失,猪粪有机肥的促进作用比秸秆大。化学磷肥减量有利于降低土壤淋溶水中磷素含量。不施磷肥(P0)处理总磷淋失量比优化施肥(P)处理降低39%。优化施肥量磷减 20% +猪粪有机肥(MDP)处理和优化施肥量磷减 20% +秸秆还田(SDP)处理三个土层深度土壤总磷淋失量分别比优化施肥+猪粪有机肥(MP)处理和优化施肥+秸秆还田(SP)处理降低 21.7% 和 19.6%。施用猪粪有机肥和稻草秸秆可以显著提高土壤中有效磷的含量,但对土壤全磷含量影响不大。油菜季不同生育期土壤磷素含量动态变化试验结果表明,在蕾薹期土壤有效磷较苗期有一个明显的降低。产生这种现象的原因可能是当化学磷肥过磷酸钙施进土壤后,很快为土壤中矿物所固定,且蕾薹期是油菜生长最快、需磷量最大的时期,故此时土壤中有效磷含量偏低。但在油菜开花期和收获后期,土壤有效磷含量有一个明显的上升,其可能原因是此时间段环境温度增加,雨水增多,加快了磷在土壤溶液中的扩散速度,从而提高了磷的有效性。同时,随着油菜生长,其根系更加发达,根系在生长的同时会向周围土壤环境中分泌有机酸使土壤pH 降低,间接提高了土壤中磷的有效性,进而增加了此时期土壤有效磷含量。可见,油菜生长花期以后是土壤有效磷淋失的主要时期。

(5)土-水-植耦合的紫色土水稻田磷素动态流失模型,可以较好地定量模拟预测田面水可反应性无机磷(MRP)含量变化特征;固定速率常数最敏感,对结果影响作用最大;施肥初期排水会导致磷素随排水损失增加,因此合理排灌对控制稻田磷素流失有其积极意义。

7.2　创新点

（1）利用紫色土22年长期定位施肥试验和长期不同耕作制试验监测基地以及原状土壤渗漏池，从时间和空间尺度上兼顾水田、旱地土壤，系统研究了三峡库区紫色土中无机磷动态变化及其迁移特征，获得了大量的基础性监测数据和研究成果，为紫色土区农田磷肥的优化管理以及施行合理的施肥和耕作制度提供了理论依据。

（2）以往研究旱坡地磷素迁移多集中在地表径流，研究条件多是通过模拟降雨，然而紫色土是一种侵蚀型高生产力的"岩土二元结构体"，致使坡耕地壤中水流发育，容易形成较大流量的侧向壤中水流，因此本研究在野外田间原位条件下对紫色土坡耕地坡面尺度壤中水流和地表径流磷迁移输出进行4年连续定位监测试验，试验各项条件与大田农业生产相一致，提高了研究结果可用性。与此同时，突破以往单独对土壤或者水中磷素迁移的研究方法，本研究通过土-水-植并析方法系统研究磷素在土壤中去向以及植物吸收利用状况。通过全面系统的研究不同磷素水平以及不同种类有机肥对三峡库区紫色土农田土壤无机磷迁移流失的影响，得出优化施肥量磷减20%配施秸秆有机肥可以作为一种从源头控制紫色土农田土壤磷素流失的较好措施加以推广。

7.3　研究不足及展望

本研究作为国家科技重大专项课题（编号：2012ZX07104003）中的部分内容，涉及范围较广，虽然取得了一些有意义的结果，但在深度上略有欠缺，尚有一些内容值得进一步深入研究。

（1）本研究主要是针对植物体能够直接吸收利用的土壤有效磷源-无机磷进行的，有必要将土壤中有机态磷在植物-土壤-生态环境中的作用结合起来研究。

（2）有必要针对不同种植模式下不同用量水平外源有机肥加入土壤之后，有机肥磷素在土壤和植物之间的迁移转化规律进行深入研究，建立起兼顾作物高产和环境保护的土壤磷素评价标准和适宜的磷素推荐施肥体系。

（3）农田土壤磷素迁移主要由水分运动作为动力完成。水旱轮作是三峡库区紫色土农田一种常见的耕作方式，土壤处在典型的干湿交替环境之中，水分对其土壤中磷素迁移起着更为重要的作用。因此，水肥耦合对三峡库区紫色土农田土壤磷素径流、淋溶的影响值得更加深入研究。

（4）传统测定磷素的方法是比色法，可以尝试引进一些新的技术来更直观地确定农业面源污染磷素进入水体中的不同形态，可考虑引入一些先进的可视化技术方法。这对了解农田中磷流失形态和不同形态磷向水体迁移转化规律具有重要意义。

参考文献

[1]鲍士旦.土壤农化分析[M].3版.北京:中国农业出版社,2005:141-149.

[2]曹志洪,林先贵,杨林章.论"稻田圈"在保护城乡生态环境中的功能玉 I. 稻田土壤磷素径流迁移流失的特征[J].土壤学报,2005,42(5):799-804.

[3]陈欣,范兴海.丘陵坡地地表径流中磷的形态及其影响因素[J].中国环境科学,2000,20(3):284-288.

[4]陈欣,宇万太,沈善敏.磷肥低量施用制度下土壤磷库的发展变化[J].土壤学报,1997,34(1):81-87.

[5]单艳红,杨林章,沈明星,等.长期不同施肥处理水稻土磷素在剖面的分布与移动[J].土壤学报,2005,42(6):970-976.

[6]丁怀香,宇万太.土壤无机磷分级及生物有效性研究进展[J].土壤通报,2008,39(3):681-686.

[7]杜加银,茹美,倪吾钟.减氮控磷稳钾施肥对水稻产量及养分积累的影响[J].植物营养与肥料学报,2013,19(3):523-533.

[8]段然,汤月丰,文炯,等.减量施肥对湖垸旱地作物产量及氮磷径流损失的影响[J].中国生态农业学报,2013,21(5):536-543.

[9]高超,张桃林,吴蔚东.农田土壤中的磷向水体释放的风险评价[J].环境科学学报,2001,21(3):344-348.

[10]郭智,周炜,陈留根,等.施用猪粪有机肥对稻麦两熟农田稻季养分径流流失的影响[J].水土保持学报,2013,27(6):21-25.

[11]龚蓉,刘强,荣湘民,等.中南丘陵旱地磷肥减量对不同形态磷素养分淋失的影响[J].水土保持学报,2015,29(5):106-110.

[12]韩晓日,马玲玲,王晔青,等.长期定位施肥对棕壤无机磷形态及剖面分布的影响[J].水土保持学报,2007,21(4):51-55,144.

[13]洪林,李瑞鸿.南方典型灌区农田地表径流氮磷流失特性[J].地理研究,2011,30(1):115-124.

[14]胡宏祥,汪玉芳,陈祝,等.秸秆还田配施化肥对黄褐土氮磷淋失的影响[J].水土保持学报,2015,29(5):101-105.

[15]黄佳聪,高俊峰.平原圩区磷素流失过程模拟[J].湖泊科学,2015,27(2):216-226.

[16]黄利玲,王子芳,高明,等.三峡库区紫色土旱坡地不同坡度土壤磷素流失特征研究[J].水土保持学报,2011,25(1):30-33.

[17]蒋柏藩,顾益初.石灰性土壤无机磷分级体系的研究[J].中国农业科学,1989,22(3):58-66.

[18]蒋锐,朱波,唐家良,等.紫色丘陵区典型小流域暴雨径流氮磷迁移过程与通量[J].水利学报,2009,39(6):659-666.

[19]焦平金,王少丽,许迪,等.次暴雨下作物植被类型对农田氮磷径流流失的影响[J].水利学报,2009,40(3):296-302.

[20]来璐,郝明德,彭令发.长期施肥对黄土高原旱地土壤无机磷空间分布的影响[J].水土保持研究,2003,10(1):76-77,126.

[21]李庆召,王定勇,朱波.自然降雨条件下紫色土区磷素的非点源输出规律[J].农业环境科学学报,2005,23(6):1050-1052.

[22]李同杰,刘晶晶,刘春生,等.磷在棕壤中淋溶迁移特征研究[J].水土保持学报,2006,20(4):35-39.

[23]李卫正,王改萍,张焕朝,等.两种水稻土磷素渗漏流失及其与Olsen磷的关系[J].南京林业大学学报(自然科学版),2007,31(3):52-56.

[24]李文超,刘申,雷秋良,等.高原农业流域磷流失风险评价及关键源区识别——以凤羽河流域为例[J].农业环境科学学报,2014,33(8):1591-1600.

[25]李想,刘艳霞,刘益仁,等.有机无机肥配合对土壤磷素吸附、解吸和迁移特性的影响[J].核农学报,2013,27(2):253-259.

[26]李新乐,侯向阳,穆怀彬,等.连续6年施磷肥对土壤磷素积累、形态转化及有效性的影响[J].草业学报,2015,24(8):218-224.

[27]李学平,石孝均.模拟条件下农田磷素渗漏淋失特征研究[J].环境科学与技术,2010,33(3):32-36.

[28]李学平,石孝均.紫色水稻土磷素动态特征及其环境影响研究[J].环境科学,2008,29(2):434-439.

[29]李学平.紫色土稻田磷素迁移流失及环境影响研究[D].重庆:西南大学,2008.

[30]李裕元.坡地磷素迁移研究进展[J].水土保持研究,2006,13(5):1-4.

[31]梁斐斐,蒋先军,袁俊吉,等.降雨强度对三峡库区坡耕地土壤氮、磷流失主要形态的影响[J].水土保持学报,2012,26(4):81-85.

[32]廖菁菁.农田土壤磷素的时空变异及形态转化特征研究[D].南京:南京农业大

学,2007.

[33]林德喜,范晓晖,胡锋,等.长期施肥后简育湿润均腐土中磷素形态特征的研究[J].土壤学报,2006,43(4):605-610.

[34]林利红,韩晓日,刘小虎,等.长期轮作施肥对棕壤磷素形态及转化的影响[J].土壤通报,2006,37(1):80-83.

[35]刘方,罗海波,舒英格,等.黄壤旱地-水系统中磷释放及影响因素的研究[J].中国农业科学,2006,39(1):118-124.

[36]刘刚才,林三益.四川丘陵区常规耕作制下紫色土径流发生特征及其表面流数值模拟[J].水利学报,2002,33(12):101-108.

[37]鲁如坤.土壤农业化学分析方法[M].北京:中国农业科技出版社,1999:169-175.

[38]陆海明,孙金华,邹鹰,等.平原河网区径流小区和田块尺度地表径流磷素流失特征[J].生态与农村环境学报,2013,29(2):176-183.

[39]罗春燕,涂仕华,庞良玉,等.降雨强度对紫色土坡耕地养分流失的影响[J].水土保持学报,2009,23(4):24-27.

[40]吕家珑.农田土壤磷素淋溶及其预测[J].生态学报,2003,23(12):2689-2701.

[41]吕家珑,张一平,陶国树,等.23年肥料定位试验0~100cm土壤剖面中各形态磷之间的关系研究[J].水土保持学报,2003,17(3):48-50.

[42]马红亮,高明,魏朝富.农艺措施对紫色水稻土无机磷形态的影响[J].土壤,2003,35(3):248-254.

[43]毛战坡,杨素珍,王亮,等.磷素在河流生态系统中滞留的研究进展[J].水利学报,2015,46(5):515-524.

[44]莫钊文,李武,段美洋,等.减磷对华南早晚兼用型水稻稻米品质、源库特性及磷积累的影响[J].西南农业学报,2013,26(6):2361-2366.

[45]聂军,郑圣先,杨曾平,等.长期施用化肥、猪粪和稻草对红壤性水稻土物理性质的影响[J].中国农业科学,2010,43(7):1404-1413.

[46]潘根兴,焦少俊,李恋卿,等.低施磷水平下不同施肥对太湖地区黄泥土磷迁移性的影响[J].环境科学,2003,24(3):91-95.

[47]戚瑞生,党廷辉,杨绍琼,等.长期轮作与施肥对农田土壤磷素形态和吸持特性的影响[J].土壤学报,2012,49(6):1136-1146.

[48]苏明娟,王超.红壤坡地养分流失预报模型研究[J].广东水利水电,2013(5):12-15.

[49]孙桂芳,金继运,石元亮.土壤磷素形态及其生物有效性研究进展[J].中国土壤与肥

料,2011（2）:1-9.

[50]孙倩倩,王正银,赵欢,等.定位施肥对紫色菜园土磷素状况的影响[J].生态学报,2012,32（8）:2539-2549.

[51]唐涛,郝明德,单凤霞.人工降雨条件下秸秆覆盖减少水土流失的效应研究[J].水土保持研究,2008,15（1）:9-11.

[52]滕泽琴,李旭东,韩会阁,等.土地利用方式对陇中黄土高原土壤磷组分的影响[J].草业学报,2013,22（2）:30-37.

[53]王彩绒,胡正义,杨林章,等.太湖典型地区蔬菜地土壤磷素淋失风险[J].环境科学学报,2005,25（1）:76-80.

[54]王超,赵培,高美荣.紫色土丘陵区典型生态-水文单元径流与氮磷输移特征[J].水利学报,2013,44（6）:748-755.

[55]王静,郭熙盛,王允青.自然降雨条件下秸秆还田对巢湖流域旱地氮磷流失的影响[J].中国生态农业学报,2010,18（3）:492-495.

[56]王丽,王力,王全九.不同坡度坡耕地土壤氮磷的流失与迁移过程[J].水土保持学报,2015,29（2）:69-75.

[57]王鹏,姚琪,韩龙喜,等.水-土耦合的稻田磷素动态流失模型[J].河海大学学报（自然科学版）,2005,33（1）:1-5.

[58]王全九,王力,李世清.坡地土壤养分迁移与流失影响因素研究进展[J].西北农林科技大学学报（自然科学版）,2007,35（12）:104-109,119.

[59]王涛,张维理,张怀志.滇池流域人工模拟降雨条件下农田施用有机肥对磷素流失的影响[J].植物营养与肥料学报,2008,14（6）:1092-1097.

[60]王晓燕,王静怡,欧洋,等.坡面小区土壤-径流-泥沙中磷素流失特征分析[J].水土保持学报,2008,22（2）:1-5.

[61]王新民,侯彦林.有机物料对石灰性土壤磷素形态转化及吸附特性的影响研究[J].环境科学学报,2004,24（3）:440-443.

[62]武际,郭熙盛,王允青,等.麦稻轮作下耕作模式对土壤理化性质和作物产量的影响[J].农业工程学报,2012,28（3）:87-93.

[63]习斌,翟丽梅,刘申,等.有机无机肥配施对玉米产量及土壤氮磷淋溶的影响[J].植物营养与肥料学报,2015,21（2）:326-335.

[64]习斌.典型农田土壤磷素环境阈值研究[D].北京:中国农业科学院,2014.

[65]谢德体.三峡库区农业面源污染现状及对策[J].西南大学学报（自然科学版）,2012（34）:1-5.

[66] 谢林花,吕家珑,张一平,等.长期施肥对石灰性土壤磷素肥力的影响Ⅰ.有机质、全磷和速效磷[J].应用生态学报,2004,15(5):787-789.

[67] 熊俊芬,石孝均,毛知耘.定位施磷对土壤无机磷形态土层分布的影响[J].西南农业大学学报,2000,22(2):123-125.

[68] 徐琪,杨林章,董元华,等.中国稻田生态系统[M].北京:中国农业出版社,1998:156.

[69] 薛巧云.农艺措施和环境条件对土壤磷素转化和淋失的影响及其机理研究[D].杭州:浙江大学,2014.

[70] 颜晓,王德建,张刚,等.长期施磷稻田土壤磷素累积及其潜在环境风险[J].中国生态农业学报,2013,21(4):393,340.

[71] 颜晓,王德建,张刚,等.长期施磷的产量效应及其环境风险评价[J].环境科学,2013,34(8):3205-3210.

[72] 杨金玲,张甘霖.皖南低山丘陵地区流域氮磷径流输出特征[J].农村生态环境,2005,21(3):34-37.

[73] 杨珏,阮晓红.土壤磷素循环及其对土壤磷流失的影响[J].土壤与环境,2001,10(3):256-258.

[74] 杨丽霞,杨桂山,苑韶峰,等.不同雨强条件下太湖流域典型蔬菜地土壤磷素的径流特征[J].环境科学,2007,28(8):1763-1769.

[75] 杨林章,周小平,王建国,等.用于农田非点源污染控制的生态拦截型沟渠系统及其效果[J].生态学杂志,2005,24(11):1371-1374.

[76] 杨茜,蒋珍茂,石艳,等.低分子量有机酸对三峡库区消落带典型土壤磷素淋溶迁移的影响[J].水土保持学报,2015,29(1):126-131.

[77] 杨学云,李生秀.灌溉与旱作条件下长期施肥塿土剖面磷的分布和移动[J].植物营养与肥料学报,2004,10(3):250-254.

[78] 杨学云,李生秀.土壤磷淋失机理初步研究[J].植物营养与肥料学报,2004,10(5):479-482.

[79] 杨艳菊,王改兰,张海鹏,等.长期施肥条件下栗褐土磷素积累特征[J].生态学杂志,2013,32(5):1215-1220.

[80] 叶玉适,梁新强,李亮,等.不同水肥管理对太湖流域稻田磷素径流和渗漏损失的影响[J].环境科学学报,2015,35(4):1125-1135.

[81] 臧玲.不同磷饱和度土壤中胶体态磷迁移特征及其对磷素流失潜能的影响[D].杭州:浙江大学,2014.

［82］张丽,任意,展晓莹,等.常规施肥条件下黑土磷盈亏及其有效磷的变化［J］.核农学报,2014,28(9):1685-1692.

［83］张荣保,姚琪,计勇,等.太湖地区典型小流域非点源污染物流失规律——以宜兴梅林小流域为例［J］.长江流域资源与环境,2005,14(1):94-98.

［84］张维理,武淑霞,冀宏杰,等.中国农业面源污染形势估计及控制对策 I.21 世纪初期中国农业面源污染的形势估计［J］.中国农业科学,2004,37(7):1008-1017.

［85］张英鹏,于仁起,孙明,等.不同施磷量对山东三大土类磷有效性及磷素淋溶风险的影响［J］.土壤通报,2009,40(6):1367-1370.

［86］张玉平,荣湘民,刘强,等.有机无机肥配施对旱地作物养分利用率及氮磷流失的影响［J］.水土保持学报,2013,27(3):44-48.

［87］张志剑,朱荫湄,王珂,等.水稻田土-水系统中磷素行为及其环境影响研究［J］.应用生态学报,2001,12(2):229-232.

［88］章明奎,王丽平.旱耕地土壤磷垂直迁移机理的研究［J］.农业环境科学学报,2007,26(1):282-285.

［89］赵庆雷,王凯荣,马加清,等.长期不同施肥模式对稻田土壤磷素及水稻营养的影响［J］.作物学报,2009,35(8):1539-1545.

［90］郑海金,王辉文,杨洁,等.地表径流和壤中流对坡耕地氮磷流失影响研究概述［J］.中国水土保持,2015(2):36-39.

［91］郑丽娜,王先之,沈禹颖.保护性耕作对黄土高原源区作物轮作系统磷动态的影响［J］.草业学报,2011,20(4):19-26.

［92］周宝库,张喜林.长期施肥对黑土磷素积累、形态转化及其有效性影响的研究［J］.植物营养与肥料学报,2005,11(2):143-147.

［93］周明华,朱波,汪涛,等.紫色土坡耕地磷素流失特征及施肥方式的影响［J］.水利学报,2010,41(11):1374-1381.

［94］庄远红,吴一群,李延.有机无机磷肥配施对蔬菜地土壤磷素淋失的影响［J］.土壤,2007,39(6):905-909.

［95］AGBEDE T M. Tillage and fertilizer effects on some soil properties, leaf nutrient concentrations,growth and sweet potato yield on an alfisol in southwestern Nigeria［J］. Soil and Tillage Research,2010,110(1):25-32.

［96］BAGGIE I,ROWELL D L,ROBINSON J S,et al. Decomposition and phosphorus release from organic residues as affected by residue quality and added inorganic phosphorus［J］. Agroforestry Systems,2005,63(2):125-131.

[97] GAO C, SUN B, ZHANG T L. Sustainable nutrient management in Chinese agriculture: challenges and perspective[J]. Pedosphere, 2006, 16(2): 253-263.

[98] CORBEL S, MOUGIN C, BOUAÏCHA N. Cyanobacterial toxins: modes of actions, fate in aquatic and soil ecosystems, phytotoxicity and bioaccumulation in agricultural crops[J]. Chemosphere, 2014, 96: 1-15.

[99] DE-BASHAN L E, BASHAN Y. Recent advances in removing phosphorus from wastewater and its future use as fertilizer (1997—2003) [J]. Water research, 2004, 38(19): 4222-4246.

[100] DOUGHERTY W J, NASH D M, COX J W, et al. Small-scale, high-intensity rainfall simulation under-estimates natural runoff P concentrations from pastures on hill-slopes [J]. Australian Journal of Soil Research, 2008, 46(8): 694-702.

[101] HAHN C, PRASUHN V, STAMM C, et al. Phosphorus losses in runoff from manured grassland of different soil P status at two rainfall intensities[J]. Agriculture Ecosystems & Environment, 2012, 153(10): 65-74.

[102] HAN X Z, SONG C Y, WANG S Y, et al. Impact of long-term fertilization on phosphorus status in black soil[J]. Pedosphere, 2005, 15(3): 319-326.

[103] HESKETH N, BROOKES P C, SHARPLEY A N. Development of an indicator for risk of phosphorus leaching[J]. Journal of Environmental Quality, 2000, 29(1): 105-110.

[104] KUMARAGAMAGE D, FLATEN D, AKINREMI O O, et al. Soil test phosphorus changes and phosphorus runoff losses in incubated soils treated with livestock manures and synthetic fertilizer[J]. Canadian Journal of Soil Science, 2011, 91(3): 375-384.

[105] MAGUIRE R O, FOY R H, BAILEY J S, et al. Estimation of the phosphorus sorption capacity of acidic soils in Ireland[J]. European Journal of Soil Science, 2002, 52(3): 479-487.

[106] MAGUIRE R O, SIMS J T. Soil testing to predict phosphorus leaching[J]. Journal of Environmental Quality, 2002, 31(5): 1601-1609.

[107] MARSHALL B M, GORDON R A. Assessing extractable soil phosphorus methods in estimating phosphorus concentrations in surface run off from Calcic Hapludolls[J]. Soil Use & Management, 2009, 25(25): 11-20.

[108] MOODY P W. Environmental risk indicators for soil phosphorus status [J]. Soil Research, 2011, 49(3): 247-252.

[109] POULTON P R, JOHNSTON A E, WHITE R P. Plant-available soil phosphorus. Part I:

the response of winter wheat and spring barley to Olsen P on a silty clay loam[J]. Soil Use and Management,2013,29(1):4-11.

[110]SONG C,HAN X Z,TANG C. Changes in phosphorus fractions,sorption and release in Udic Mollisols under different ecosystems[J]. Biology and Fertility of Soils,2007,44 (1):37-47.

[111]STONE R. China aims to turn tide against toxic lake pollution[J]. Science,2011,333 (6047):1210-1211.

[112]TURNER B L,HAYGARTH P M. Phosphorus forms and concentrations in leachate under four grassland soil types[J]. Soil Science Society of America Journal,2000,64 (3):1090-1099.

[113]WANG Y T,ZHANG T Q,O'HALLORAN I P,et al. Soil tests as risk indicators for leaching of dissolved phosphorus from agricultural soils in ontario[J]. Soil Science Society of America Journal,2012,76(1):220-229.

[114]YANG J L,ZHANG G L,SHI X Z,et al. Dynamic changes of nitrogen and phosphorus losses in ephemeral runoff processes by typical storm events in Sichuan Basin,Southwest China[J]. Soil and Tillage Research,2009,105(2):292-299.